三江平原

水资源演变与适应性管理

章光新　　王喜华　　齐鹏　　吴燕锋　　胡宝军　等　著

中国水利水电出版社
www.waterpub.com.cn
·北京·

内 容 提 要

本书全面系统地分析了变化环境下三江平原水资源时空演变特征及规律,重点阐述了气象水文干旱演变特征与洪水对地下水系统和湿地生态系统的影响,科学计算了地表水可利用量和地下水可开采量,构建了地下水-地表水联合模拟模型,以地下水水量-水位双控制为约束条件,提出了地下水-地表水联合开采方案,明确了三江平原可承载的水田开发面积,并重点对挠力河流域水资源供需平衡进行了分析,提出了多情景、多水源、多目标水资源优化配置方案。在上述研究成果基础上,针对未来气候变化和人类活动对水资源系统供给和需求的影响及其不确定性,结合国际先进的水资源适应性管理理念和基于自然的水资源解决方案,并依据国家粮食安全和湿地生态安全战略对水资源的需求和最严格水资源管理制度,综合提出了变化环境下三江平原水资源适应性管理策略,确保三江平原"水资源-粮食-湿地"协同演进与可持续发展。

本书可为水文水资源、自然地理、生态水文、环境科学及有关专业科技工作者和管理人员使用和参考。

图书在版编目（CIP）数据

三江平原水资源演变与适应性管理 / 章光新等著
. --北京：中国水利水电出版社，2018.12
ISBN 978-7-5170-7244-7

Ⅰ.①三… Ⅱ.①章… Ⅲ.①三江平原 – 水资源 – 演变 – 研究②三江平原 – 水资源管理 – 研究 Ⅳ.
①TV211.1②TV213.4

中国版本图书馆 CIP 数据核字（2018）第 298051 号

审图号：GS（2019）786 号

书　　名	三江平原水资源演变与适应性管理 SANJIANG PINGYUAN SHUIZIYUAN YANBIAN YU SHIYINGXING GUANLI
作　　者	章光新　王喜华　齐鹏　吴燕锋　胡宝军 等　著
出版发行	中国水利水电出版社 （北京市海淀区玉渊潭南路 1 号 D 座　100038） 网址：www.waterpub.com.cn E-mail：sales@waterpub.com.cn 电话：（010）68367658（营销中心）
经　　售	北京科水图书销售中心（零售） 电话：（010）88383994、63202643、68545874 全国各地新华书店和相关出版物销售网点
排　　版	北京图语包装设计有限公司
印　　刷	北京博图彩色印刷有限公司
规　　格	184mm×260mm　16 开本　13 印张　308 千字
版　　次	2018 年 12 月第 1 版　2018 年 12 月第 1 次印刷
定　　价	**128.00 元**

前　　言

　　水与粮食安全是全球关注的重要议题，对人类生存与发展具有极其重要意义。农业是用水大户，农业用水量占全球总用水量的 70%，全球地下水开采量的 67% 用于农业灌溉。联合国教科文组织《世界水资源开发报告》明确将农业用水供需紧张列为全球水资源开发的九大问题之一。近年来，我国水资源短缺问题日益突出，农业水资源紧缺已成为制约我国农业可持续发展的关键因素，威胁着我国粮食安全。《国家粮食安全中长期规划纲要（2008—2020）》指出，由于气候变化、水资源短缺等对粮食生产的约束日益突出，我国粮食的供需将长期处于紧平衡状态，保障粮食安全面临严峻挑战。可见，以水资源的可持续利用来保障粮食安全，是当前世界各国共同面临的重要课题和紧迫任务。

　　三江平原位于黑龙江省东部，为黑龙江、松花江、乌苏里江的冲积平原，总面积为 10.89 万 km^2，是我国重要的粮食主产区和湿地集中分布区，对保障国家粮食安全和生态安全具有重大战略意义。三江平原耕地面积 7300 万亩，粮食商品率高达 80%，被誉为"北大仓"，是我国粮食安全的重要保障。据第二次全国湿地资源调查结果，三江平原湿地面积为 91 万 hm^2，湿地率为 8.36%，高于全国的 5.58%，其中三江、兴凯湖、洪河、珍宝岛、七星河 5 处湿地被列入《国际重要湿地名录》，在维护全球生物多样性和区域生态安全等方面发挥着重要作用，但与中华人民共和国初期 500 万 hm^2 湿地相比，减少了 80% 多，湿地快速消失和退化危机将引发严重的生态环境和社会问题。

　　近几十年来，在大规模垦殖、水田灌溉面积迅速发展和气候变化等多重因素叠加影响下，导致三江平原地下水系统补排失衡，地下水位持续下降。当前，在国家粮食增产工程和湿地保护修复工程战略驱动下，三江平原大力发展灌溉农业和实施湿地生态补水工程，对水资源需求量日益增加。未来，气候变暖将增加三江平原农业灌溉和湿地生态的用水量，同时对区域水资源可利用量和农业供水保证率产生深刻影响，尤其干旱洪水灾害的频率和强度的增加，水资源供需矛盾将更加突出。地下水资源到底能承载多大面积水田开发规模？还能持续开采利用多久？能否重蹈华北平原覆辙？如何落实国家地下水双控政策，科学确定地下水开采总量与适宜水位？未来气候变化如何影响区域水资源系统的供需？这些问题已引起国家高度重视和社会各界的关注，也是三江平原可持续发展战略亟待解决的重大水资源问题。

为了应答上述社会关切和亟待解决的重大水资源问题，以水资源可持续利用协调农业开发与湿地保护之间的关系，在保障灌溉农业可持续发展的同时，遏制地下水位持续下降的趋势，维持合理的地下水位，保障湿地生态用水量，实现"粮食安全生产与湿地生态保护"的双赢目标，是三江平原现代农业发展和生态文明建设的重大战略需求。为此，撰写出版《三江平原水资源演变与适应性管理》一书，初步回答了一些有关社会关注的重大水资源问题，可为三江平原水资源可持续利用提供参考，谨以此书献给中国科学院东北地理与农业生态研究所建所 60 周年。

本书以三江平原大规模灌溉农业发展导致区域径流衰减、地下水位下降和湿地退化等问题为导向，以水资源合理开发利用协调农业开发与湿地保护之间的关系为主线，全面系统地分析了变化环境下水资源时空演变特征及规律，特别是气象水文干旱演变特征与洪水对地下水系统和湿地生态系统的影响，科学计算了地表水可利用量和地下水可开采量，构建了地下水-地表水联合模拟模型，提出了基于地下水水量-水位双控制的水资源开采方案，并重点对挠力河流域水资源供需平衡进行了分析，提出了多情景、多水源、多目标水资源优化配置方案，在上述研究成果基础上，针对未来气候变化和人类活动对水资源供给和需求的影响及其不确定性，结合国际先进的水资源适应性管理理念和基于自然的水资源解决方案，并依据国家粮食安全和湿地生态安全战略对水资源的需求和最严格水资源管理制度，从区域（三江平原）、流域（黑龙江）和国家三个层面上，综合提出了变化环境下三江平原水资源适应性管理策略，确保三江平原"水资源-粮食-湿地"协同演进与可持续发展。

本书按核心内容共分为五部分。

第一部分阐述了三江平原粮食生产与湿地保护在国家粮食安全与生态安全的战略地位及其对水资源的需求态势，以及目前水资源开发利用存在的问题和未来气候变化与粮食增产工程对水资源的影响与挑战，为第 1 章。

第二部分为三江平原水资源概况与演变特征，包括第 2 章～第 6 章。本部分较为系统地介绍了三江平原自然地理和水文地质概况；分析了近 60 年三江平原大气降水、地表径流和地下水位时空演变特征及规律，揭示了地下水位对降水的时空响应模式；分析了气象水文干旱时空变化特征，着重评估了 2013 年特大洪水对地下水的补给量；分析了三江平原地下水-地表水的转化关系，科学计算了地表水可利用量和地下水可开采量。

第三部分为三江平原地下水-地表水联合模拟与调控，为第 7 章。构建了地下水-地表水联合模拟模型，以国家地下水双控政策为指导，确定的地下水可开采量和适宜地下水位为约束条件，对设置的地下水-地表水现状开采、地下水-地表水可利用量范围内开采、灌溉 4000 万亩水稻田情况下地下水-地表水（包括国际河流）联合利用等 3 种开采方案进行了模拟分析，确定了合理的地下水-地表水联合调控方案，回答了三江平原可承载的水田开发面积。

第四部分为三江平原挠力河流域水资源优化配置，为第 8 章。构建了地下水-地表水联合模拟模型，预估了未来气候变化情景下流域水资源量；构建了基于地下水-地表水联合调控的挠力河流域水资源优化配置模型，综合考虑区内地下水、地表水和外调水联合运用，面向灌溉农业和湿地生态协调、安全用水目标，提出了多情景、多水源、多目标水资源优化配置方案。

第五部分为三江平原水资源适应性管理策略，为第 9 章。针对未来气候变化对区域水循环与水资源供给量带来的变化及不确定性，以及粮食增产工程和湿地保护修复工程对水资源的需求量增加等诸多问题与挑战，综合提出了水资源适应性管理策略，以应对未来气候变化和人类活动对水资源系统带来的影响，确保为三江平原粮食安全与湿地生态安全提供水资源保障。

全书的撰写和出版得到了中国科学院特色所项目（IGA-135-05）、中国科学院重点部署项目（KSZD-EW-Z-021）和国家重点研发计划（2017YFC0406003）

等项目的支持，谨此一并致谢！

全书由章光新提出研究工作的总体思路和总体框架设计，并制定编写提纲、撰稿、统稿和定稿。具体撰写分工如下：第1章 章光新；第2章齐鹏、王喜华、胡宝军；第3章 王喜华、齐鹏；第4章 吴燕锋、刘玉玉、齐鹏、郑越馨；第5章～第7章 王喜华；第8章 齐鹏、胡宝军；第9章 章光新。

本书提出的变化环境下水资源适应性管理框架与策略，旨在抛砖引玉，为流域（区域）水资源可持续利用提供一个系统的、新的思路。由于本书涉及的三江平原水资源问题众多复杂，资料缺乏，作者研究时间和认识水平有限，疏漏和错误之处在所难免，敬请读者不吝指正。

作　者

2018 年 8 月

目　　录

第一章 绪论

水与粮食安全问题是全球性的问题，对人类生存与发展具有极其重要意义。以水资源的合理开发、可持续利用来保障粮食安全，是世界各国共同面临的紧迫任务。三江平原作为我国重要的粮食主产区和湿地集中分布区，以地下水为主的水资源高强度开发利用支撑着大规模灌溉农业发展，带来了一系列水与湿地生态退化等问题。本章重点阐述了三江平原粮食生产与湿地保护在维护国家粮食安全与生态安全的战略地位，水田灌溉发展和湿地生态保护对水资源的需求及其态势，以及目前水资源开发利用存在的问题和未来气候变化与粮食增产工程对水资源的影响与挑战。

第一节 粮食生产与湿地保护的战略地位

三江平原地处东北的边陲——黑龙江省东部，为黑龙江、松花江、乌苏里江的冲积平原，行政区域包括佳木斯市、鹤岗市、双鸭山市、七台河市和鸡西市等所属的 21 个县（市）和哈尔滨市所属的依兰县，境内有 52 个国有农场和 8 个森工局。总面积约 10.89 万 km^2，总人口 862.5 万人，人口密度约为 79 人/km^2，土水热资源丰富，是我国重要的粮食主产区和湿地集中分布区，对保障国家粮食安全和生态安全具有重大战略意义。

粮食安全是关系我国国民经济发展、社会稳定和国家自立的全局性重大战略问题。三江平原作为我国五大粮食主产区之一，农业生产在国民经济发展中占有非常重要的位置。现有耕地面积 7300 万亩，人均耕地面积大致相当于全国平均水平的 5~6 倍，粮食商品率高达 80%，被誉为"北大仓"，是我国最大的商品粮基地之一，其商品粮基地建设关乎我国经济发展全局，更关乎全国粮食安全。2013 年三江平原水稻种植面积达到 3663 万亩，黑龙江省政府力争 2020 年将三江平原粳稻基地建设成为我国水田规模最大、综合生产能力最强的大型优质商品粮基地。

湿地提供水源涵养与水文调节、珍稀水禽和植物生境维持、碳蓄积和气候调节等重要的生态系统服务，在维系区域生态安全中发挥着不可替代的重要作用，是实现可持续发展进程中关系国家和区域生态安全的战略资源（何兴元 等，2017）。三江平原是我国面积最大、分布最为集中的淡水沼泽湿地分布区，也是我国首批十大国家级生态功能区之一。2010年据第二次全国湿地资源调查结果三江平原湿地面积为 91 万 hm^2，湿地率为 8.36%，高于全国的 5.58%，生物资源十分丰富，主要保护动物有丹顶鹤、东方白鹳、白忱鹤、大天鹅、鸳鸯等。目前，已经基本完成湿地类型自然保护区规划建设任务，集中连片重要湿地大部分划入了自然保护区范围内，共建立国家级和省级湿地类型自然保护区 24 处，总面积达112 万多 hm^2。有兴凯湖、洪河、三江、七星河、珍宝岛、挠力河、东方红、八岔岛、三环泡等国家级自然保护区 9 处，有省级湿地类型自然保护区 15 处，其中三江、兴凯湖、洪河、珍宝岛、七星河 5 处湿地被列入《国际重要湿地名录》，在维护全球生物多样性和区域生态安全与水安全等方面发挥着重要作用。

第二节　粮食生产与湿地保护对水资源的需求

　　水资源的可持续利用与粮食安全保障是人类社会持续发展的最基本支撑点，已成为世界各国共同关注的重大议题（康绍忠，2014）。农业是用水大户，全球农业用水量为 27342 亿 m³，占总用水量的 70.2%（中华人民共和国国家统计局，2014）。联合国教科文组织《世界水资源开发报告》明确将农业用水供需紧张列为全球水资源开发的九大问题之一（WWAP，2006）。水安全是粮食安全的重要保障，2012 年世界水日的主题为水与粮食安全，水资源短缺将直接导致粮食生产的波动，从而在源头上导致真正的粮食危机。

　　地下水是农业灌溉的主要水源，地下水占全球消耗水总量的 43%，全球地下水开采量的 67% 用于农业灌溉（国际地下水评价中心，2017）。三江平原作为我国核心粮食主产区和重要的商品粮基地。三江平原农业用水占总用水量的 86%，远高于我国农业用水占 63.5% 的水平，其中 69% 靠抽取地下水灌溉，而粮食生产是农业用水中的用水大户。在国家粮食安全战略和经济利益驱动下，近 30 年来三江平原以突飞猛进的速度开采地下水种植水稻，水稻种植面积由 1981 年 105 万亩发展到 2013 年 3663 万亩，地下水开采量由 1986 年 6 亿 m³ 增至 2013 年 108 亿 m³（图 1-1），导致区域地下水位持续下降，加速了湿地面积萎缩和功能退化。

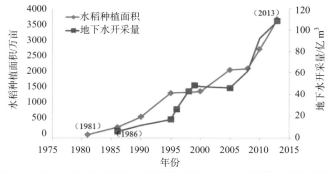

图 1-1　近 30 年三江平原水稻种植面积与地下水开采量变化趋势

　　湿地生态系统是流域（区域）水循环和水资源的重要组成部分，既是供水户又是用水户（章光新 等，2014）。随着全球人口剧增和经济的高速发展，经济社会用水量不断增加，过度挤占或挪用湿地生态用水的现象时常发生，致使湿地生态需水量得不到基本保障，导致湿地严重退化乃至消失，影响和危及着区域生态安全和社会经济的可持续发展。根据《全国生态功能区划（2008）》，三江平原属于生态保护区域，主要保护对象是湿地生态系统。变化环境下湿地缺水和持续"旱化"影响了湿地生态系统结构的稳定和服务功能的正常发挥，进而也影响到了区域农业的可持续性。

　　在国家粮食安全与生态文明建设的重大战略驱动下，三江平原新一轮水田开发和湿地保护修复工程对水资源需求有增无减，如何以水资源可持续利用协调农业开发与湿地保护之间的关系，在保障灌溉农业可持续发展的同时，遏制地下水位持续下降的趋势，维持合理的地下水位，保障湿地生态用水量，实现"粮食安全生产与湿地生态保护"的双赢目标，是当前三江平原现代农业发展和生态文明建设亟须解决的重大课题和紧迫任务。

第三节　水资源面临的问题与挑战

三江平原是我国东北地区水土资源匹配较好区域，但近30年来三江平原大规模发展水稻种植，农业灌溉用水量极大，以开采地下水为主，导致湿地生态用水、农业灌溉和城镇供水正面临着水资源短缺问题。而且，新时期在国家粮食增产工程和湿地恢复保护工程的战略驱动下，三江平原大力发展水田灌溉农业和实施湿地生态补水工程，对水资源需求量日益增加。加之，三江平原是我国受全球气候变化影响最显著的地区之一，未来气候变暖将增加农业灌溉和湿地生态用水量，同时对水资源可利用量和农业供水保证率产生深刻影响，尤其旱涝灾害的频率和强度的增加。因此，未来三江平原水资源供需矛盾将更加突出，形势更加严峻。水资源面临的现实问题与严峻挑战主要体现在以下几个方面。

一、区内水资源短缺、过境水资源丰富且利用率极低

三江平原年降水量 $500 \sim 650mm$，水资源总量为 187.64 亿 m^3，亩均水资源量为 $257m^3$，约为全国的 1/6。黑龙江、松花江和乌苏里江等过境水资源量达 2680 亿 m^3，主要为国际河流，开发利用受到严格的限制，又由于缺少控制性水利工程，水资源利用率极低。2017年，三江平原地表水用水量为 63.95 亿 m^3，其中黑龙江流域 1.85 亿 m^3，乌苏里江干流流域 18.06 亿 m^3（不含穆棱河、挠力河）（由黑龙江省水利科学研究院司振江教授级高工提供）。

二、区内水利工程修建，导致湿地缺水

三江平原区内河流上游水库、防洪排涝等水利工程的修建，导致下游地区径流量锐减，生态需水得不到保障，甚至出现断流的现象。诸如浓江-鸭绿河流域上游修建浓-鸭截洪总干渠后，致使下游洪河国家级湿地自然保护区严重缺水。三江平原沼泽湿地区的各类人工排水干渠，几乎拦截了湿地区全部地表水，与外流入乌苏里江的人工七星河排水干渠一体形成截面达数百公里的排水体系，使浅层地下水与地表水被截流、分流，导致三江平原沼泽湿地来水量减少了一半以上（吴志刚 等，2007）。

三、以超采地下水发展灌溉农业，区域地下水位显著下降

由于地下水持续超采，我国部分地区地下水位不断下降、超采面积不断扩大，地下水资源面临枯竭，水质不断恶化，给供水安全带来了严重影响，同时还引发了一系列生态环境问题和社会问题。

三江平原以超采地下水发展水稻田种植面积，诸如 2013 年地下水开采量高达 108

亿 m³，远远超出地下水可开采量 46 亿 m³，导致区域地下水位多年平均以 0.3～0.5 m/a 速率下降。在空间上，地下水位呈不均匀下降，近河地区地下水位仅以 0.27 m/a 的速率下降，远河/非灌区地下水位以 0.56 m/a 的速率下降，灌区则以 0.80 m/a 的速率急剧下降（王喜华，2015）。局部地区已出现"吊泵"和"地下水漏斗"现象，地下水位的下降引起了湿地水文条件的变化，增强了湿地水深层渗漏，加剧了湿地缺水、面积萎缩和功能退化。

四、水资源利用效率低、用水浪费严重

水资源同粮食生产协同发展矛盾日益突出，面对我国粮食主产区水资源短缺、水污染严重、水资源过度开采使用的严峻现实，提高水资源利用效率是缓解水资源供需紧张形势的重要途径。三江平原农业用水量大、用水方式粗放，以大水漫灌为主，灌溉水有效利用系数只有 0.45 左右，远低于 0.7～0.8 的世界先进水平，水稻单位产量用水量为 1.5m³/kg 左右，可见三江平原水资源利用效率低也是制约水资源可持续利用的关键因素。

五、湿地生态系统受损，水资源调蓄能力削弱

2018 年联合国发布《世界水资源发展报告》中指出，生态系统退化是水资源管理面临挑战的一个主要原因。湿地具有涵养水源、削减洪峰、维持基流和补充地下水等重要水文服务功能。因此，湿地恢复与保护能给水资源的天然优化配置、空间均衡、合理利用以及综合管理提供保障并能带来巨大的生态效益、经济效益和社会效益（王蓉，2003），是切实提高水资源安全保障能力的重要途径。

三江平原湿地景观格局演变与粮食生产和水资源开发利用的过程密切相关。近几十年，大规模农业开发和水资源开发利用，尤其对沼泽湿地进行了大面积的排水开垦，使自然沼泽湿地大面积减少，珍稀生物的栖息地减少。目前，湿地面积仅为 91 万 hm²，与建国初期 500 万 hm² 湿地相比，减少了 80% 多，湿地面积大幅度减少和生态功能退化，直接削弱了湿地生态蓄水、补充地下水和调蓄洪水等能力，极大影响和改变了区域水文过程及水量平衡，加剧了水资源供需矛盾，同时给三江平原防洪抗旱和水资源综合开发利用带来困难和挑战。

六、未来气候变化与粮食增产工程将加剧水资源供需矛盾

东北地区是我国受全球气候变化影响最显著的地区之一。近 50 年，三江平原平均气温以 0.303℃/10a 的幅度升高，高于全国平均水平，是东北地区乃至全国气候变暖最为显著的区域，农业受气候影响显著（栾兆擎 等，2007）。据联合国政府间气候变化专门委员会（IPCC）2007 年第四次评估报告，到 2100 年，东北地区的增温幅度要明显高于全球平均水平，气温将可能较目前变暖 3.0℃或以上。气候变化必将给水资源供需带来巨大的挑战，突出表现在以下两方面：

（1）气候变化对水资源可利用量和农业供水保证率产生深刻影响。未来气候变化将加剧降水的时空变异与不确定性，增加洪水和干旱等极端水文事件的频率和强度，直接影响农业水资源利用效率、供水工程的安全性和可靠性特别是大型灌区供水保证率，进而威

胁粮食安全生产。

（2）气候变暖将增加社会经济、农业灌溉和湿地生态用水量，导致用水户进一步竞争用水，加剧水资源供需矛盾（章光新，2012）。据有关研究表明：气温每上升1℃，农业灌溉用水量将增加6%~10%。

在粮食安全问题成为国际社会关注的焦点之际，2009年国务院通过了《全国新增1000亿斤粮食生产能力规划（2009—2020年）》，其中吉林、黑龙江两省将承担着300多亿斤的粮食增产任务，占全国新增粮食的1/3，主要途径是通过大规模调配水资源在松嫩–三江平原发展灌区，规划新增水田面积近1000万亩。由此可见，三江平原以水田开发为主的粮食增产工程对水资源需求量剧增。

综上，气候变化对三江平原可利用水量产生影响，直接影响水资源的供给量及供水保证率，同时农业需水量和湿地生态需水量在不断增加。因此，未来三江平原水资源供需矛盾将更加突出，形势更加严峻。

参考文献

World Water Assessment Programme. The United Nations World Water Development Report 2: Water a Shared Responsibility [R]. Paris: UNESCO, 2006.

何兴元，贾明明，王宗明，等. 基于遥感的三江平原湿地保护工程成效初步评估[J]. 中国科学院院刊，2017，32(1): 3-10.

康绍忠. 水安全与粮食安全[J]. 中国生态农业学报，2014，22(8): 880-885.

栾兆擎，章光新，邓伟，等. 三江平原50年来气温及降水变化研究[J]. 干旱区资源与环境，2007，21(11): 39-43.

王蓉. 论湿地与水资源保护[C]//水资源、水环境与水法制建设问题研究——2003年中国环境资源法学研讨会年会）论文集（下册）. 山东青岛：中国海洋大学，2003.

王喜华. 三江平原地下水-地表水联合模拟与调控研究[D]. 长春：中国科学院东北地理与农业生态研究所，2015.

章光新，张蕾，冯夏清，等. 湿地生态水文与水资源管理[M]. 北京：科学出版社，2014.

吴志刚，杜春晓，王世岩. 三江平原沼泽湿地退化现状及因素分析[J]. 黑龙江水利科技，2007(05):119-121.

赵惠新. 三江平原水资源可持续利用与保护[J]. 黑龙江水专学报，2008，35(04):1-3.

章光新. 东北粮食主产区水安全与湿地生态安全保障的对策[J]. 中国水利，2012(15): 9-11.

中华人民共和国国家统计局编. 国际统计年鉴2014[M]. 北京：中国统计出版社，2014.

第二章　三江平原概况

第一节　自然地理概况

一、地理位置

　　三江平原位于黑龙江省的东部，为黑龙江、乌苏里江和松花江的冲积平原，地理位置为北纬 45°01′~48°27′56″，东经 130°13′~135°05′26″，行政区域包括佳木斯市、鹤岗市、双鸭山市、七台河市和鸡西市等所属的 21 个县（市）和哈尔滨市所属的依兰县（图2-1）。三江平原北起黑龙江、南抵兴凯湖、西邻小兴安岭、东至乌苏里江，东西宽 430km，南北长 520km，总面积为 10.89 万 km²，占黑龙江省土地总面积的 22.6%。其中，平原面积为 6.2 万 km²，占三江平原总面积的 57%；山区面积为 3.74 万 km²，占三江平原总面积的 34.4%；丘陵面积为 0.94 万 km²，占三江平原总面积的 8.6%。该区东北低西南高，除西南部和西部边界的老爷岭、小兴安岭、张广才岭和横亘中部的完达山为森林覆盖的山区外，其余均为广阔的冲积低平原和河流形成的阶地。同时，河漫滩上广泛发育着沼泽和沼泽化草甸区。

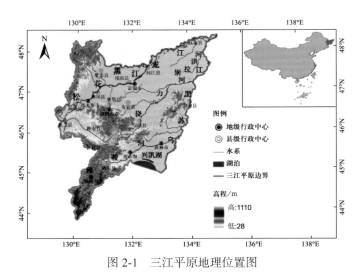

图 2-1　三江平原地理位置图

二、气候与气象特征

（一）气候特征

　　三江平原地处中纬度亚洲大陆东缘，属温带湿润、半湿润大陆性季风气候。春秋两季均受极地大陆气团影响，春季少雨，多大风，秋季凉爽，多早霜；夏季在太平洋副热带高压气候控制下，多东南风，高温多雨；冬季受蒙古高压气候影响，多西北风，寒冷干燥。全区多年平均气温 2.8℃，极端最高气温 37.7℃，极端最低气温-38.8℃。每年 7 月温度最高，月平均气温 21.9℃，1 月温度最低，月平均气温-18.1℃。全年日照小时数为 2300～2700h。多年平均风速为 3.5m/s 左右，最大风速可达 33m/s，常年多西风和西北风。全年结冻天数约 190d，冻层深 1.4～2.0m。区内绝对湿度和相对湿度年内变化较明显。绝对湿度从西向东逐渐增加，平原地区大于低山丘陵区，夏天出现最大值，冬季出现最小值，秋天大于春天，多年平均绝对湿度为 7.7mb。相对湿度平均值为 71%，夏季和冬季最大，秋季和春季最小，秋季略大于春季。三江平原虽然纬度较高，但雨热同季，适于农业（尤其是优质水稻和高油大豆）的生长。

（二）气象特征

三江平原是黑龙江省降水量最多的区域之一，多年平均降水量为 500～650mm。地域分布上，山前台地区域降水量较大，均大于 600mm，中间部位低平原、一级阶地、二级阶地地区一般为 550～600mm。在桦川、绥滨、宝清之间最小，约为 500～540mm。夏季受东南亚季风影响，雨量充沛且集中，每年 6—8 月，降水量占全年总降水量的 63.8%；冬季受西伯利亚冷气团控制，干燥而少雨，降水量仅占全年降水量的 2.7%；春秋两季分别占全年降水量的 12.5% 和 21.0%。降水量年内分配极不均匀，降水量最多的 4 个月（6—9 月）的降水量占全年降水量的 77.5%，这期间的降雨是形成本区洪水、内涝的主要原因。3—5 月的降水量仅占全年降水量的 12.5%，极易出现春旱。降水量年际的变化较大，存在着明显的丰枯交替性。丰水年份降水量约是枯水年份降水量的 2.4 倍。降水量季节分配的年际变化也相当大，5—6 月最大年份降水量是最小年份的 3 倍左右，9—10 月最大年份的降水量是最小年份的 3～4 倍。

三江平原水面蒸发量（E601）为 580～730mm，总的分布规律是西部大，东部小，南部大，北部小。宝清、桦川一带可达 730mm，同江、饶河一带最小，达 580mm。三江平原蒸发量年内变化规律是冬季最小，夏季最大，春季较大，秋季较小。全年蒸发量主要集中在 4—8 月，其中 5—6 月占全年蒸发量的 30% 左右，全年蒸发量最小的为 1 月和 12 月，一般占全年蒸发量的 1% 左右。

三、河流水系

三江平原水系发达，河流纵横，均属黑龙江水系，其主要支流有松花江和乌苏里江。其中，黑龙江和乌苏里江为中俄界河，其余大小河流 1000 余条，均属黑龙江、松花江和乌苏里江的支流（杨湘奎 等，2008）。在三江平原区内较为重要的干流和支流有 19 条（付强 等，2016），其河流特性见表 2-1。

表 2-1　三江平原三大水系主要河流特性（付强 等，2016）

水系	序号	河流名称	流域面积/km²	河流长/km	河岸高/m	主槽宽度/m	弯曲系数	河道坡降
黑龙江	1	黑龙江	1800000	406	—	1000～2500	1.29	1/5000～1/19000
	2	鸭蛋河	606	95	66～380	5～20	2.0	1/700～1/9000

续表

水系	序号	河流名称	流域面积/km²	河流长/km	河岸高/m	主槽宽度/m	弯曲系数	河道坡降
黑龙江	3	莲花河	1670	74	45~52	50~100	1.2~2.4	1/10000~1/15000
	4	青龙河	1041	53	46~55	50~100	2.5	1/5000~1/10000
	5	鸭绿河	1336	100	48~60	20~50	1.4~2.5	1/3000~1/10000
	6	浓江	2630	116	41~55	17~100	1.3~2.1	1/8000~1/12000
松花江	7	松花江	564000	357	——	500~2000	1.2	1/6000~1/12000
	8	倭肯河	10820	176	90~250	30~100	1.5	1/250~1/5000
	9	梧桐河	4536	237	72~420	30~90	2~3	1/250~1/5000
	10	嘟噜河	1737	245	70~300	10~30	1.5~2.2	1/250~1/10000
	11	安邦河	2755	167	70~350	10~15	2.5	1/250~1/10000
	12	蜿蜒河	1036	108	51~63	20~100	2.5~3.5	1/8000~1/12000
乌苏里江	13	乌苏里江	187000	478	——	300~1000	1.3	1/16000~1/48000
	14	小松阿察河	1750	172	60~69	40~50	1.3	1/500~1/2000
	15	穆棱河	17600	834	60~1000	50~100	1.2-2.6	1/100~1/8000
乌苏里江	16	七虎林河	2960	262	53~300	10~20	3.0~3.5	1/800~1/8000
	17	阿布沁河	1650	145	54~170	20~40	1.3~3.4	1/1600~1/2000
	18	挠力河	23589	596	44~400	20~100	1.4~4.0	1/200~1/8000
	19	别拉洪河	4340	170	37~56	20~100	1.2~2.6	1/7500~1/12000
	20	内七星河	3985	241	54	10~20	1.75	1/200~1/10000
	21	外七星河	6520	175	50	10~40	1.96	1/1500~1/2000

（一）黑龙江

位于三江平原的北部，是我国与俄罗斯的界河，有南北两源。南源为额尔古纳河，发源于我国大兴安岭北坡；北源为石勒喀河，发源于蒙古人民共和国北部肯特山东麓，两源在黑龙江省漠河县西北部的洛古河村附近汇合后称黑龙江干流，经黑龙江省同江、抚远至俄罗斯哈巴罗夫斯克与乌苏里江汇合后流入鄂霍茨克的鞑靼海峡。黑龙江全长4510km，流域面积185.5万km²，在我国境内面积为89.34万km²。黑龙江干流长2850km，在黑龙江省境内长1887km，在三江平原区域长406km。水面宽0.8~2.6km，弯曲系数1.1~1.9，河床平均比降1/5000。黑龙江水源以雨水补给为主，季节性融雪为辅。每年有两次明显的洪水过程，一是融雪形成的春汛，二是降水形成的夏汛。在三江平原区域江段，除有乌苏里江、松花江两大支流外，还有支流鸭蛋河、莲花河、青龙河、鸭绿河、浓江等。

（二）松花江

松花江是黑龙江右岸一大支流，南北两源。南源为第二松花江，发源于吉林省长白山天池；北源嫩江，发源于黑龙江大兴安岭伊勒呼里山中段南侧。两源于前郭尔罗斯蒙古族自治县三岔河处汇合，为松花江干流。松花江全长2309km，流域面积54.6万km²，在同江县汇入黑龙江。河道宽度0.5~2km，河床比降1/6000~1/2000，弯曲系数1.17。流经三江平原区域长度为 305km。佳木斯以下，河宽 1.5 ~ 3.0km，水深 2 ~ 3m，年径流量 727 亿 m³，年平均流量 2305m³/s。主要支流有倭肯河、梧桐河、嘟噜河、蜿蜒河、安邦河等。

（三）乌苏里江

乌苏里江全长 890km，有两个发源地，一个发源于俄罗斯的锡赫物岭西麓，一个发源于兴凯湖。兴凯湖以下为中俄界河。总流域面积 18.7 万 km²，左岸我国境内流域面积 5.6 万 km²，占流域面积 30%。源头到河口长 890km，其干流长 500km，三江平原区内河长 223km，比降为 0.56%，年径流量 619 亿 m³，年平均流量 1963m³/s，主要支流有小松阿察河、穆棱河、七虎林河、阿布沁河、挠力河、别拉洪河等。

四、土壤与植被

（一）土壤

三江平原的主要土壤类型有暗棕壤、白浆土、黑土、沼泽土、草甸土、泥炭土、水稻土、冲积土和砂土等，其中以沼泽土和草甸土分布最为广泛（杨湘奎 等，2008）。

1. 暗棕壤

主要分布在低山丘陵地带，属于森林土壤系统，是在针阔叶混交林下发育而成的酸性淋溶土壤，剖面分层比较明显，腐殖质层达 10 ~ 15cm，最厚处可达 40cm，土质较疏松，肥力好，棕黄色沉积层达 50 ~ 60cm；母质层为岩石或者砂石相混，土质较粗，厚度一般为 1m 以下。

2. 白浆土

白浆土是在土壤水分干湿交替条件下形成的一种潴育淋溶的土壤。其显著标志是在较薄的表土层（10 ~ 20cm）之下，有一层 20 ~ 40cm 的白土层，通常称为白浆层（AW）。该层土壤质地黏重，紧实，保水，通气透水性极差，根系难以深入。白浆土在本区各市县均有分布，但以虎林、密山、抚远、饶河、鸡东、桦南、七台河等市县较多，占各市县总面积的 18% ~ 40%。剖面从上到下主要有：暗灰色腐殖质，厚度达 10 ~ 20cm，土质疏松；灰白色白浆土层，厚达 20 ~ 30cm，风干后呈片状结构；下面一层呈现棕色，块状结构；最底层为母质层，质地黏重。

3. 黑土

黑土主要分布在三江平原西部微波起伏的漫岗地上，成土母质为黄土状亚黏土，是草甸植被作用下腐殖质高度累积的土壤。其显著特点具有较深厚的腐殖质层，肥力较高。全区黑土面积 66.69 万 hm²，仅占总面积的 6.12%。黑土的腐殖质层一般厚度为 70cm 左右，厚者可达 100cm 以上。黑土表层容重 1.0 ~ 1.1Mg/m³，总孔隙度 55% ~ 60%，通气孔隙在 10%左右。

4. 草甸土

草甸土分布于在各级水系的河漫滩中，是由地下水、地表水以及草甸植被作用下，经过潜育化与腐殖化作用而形成。本区各市县均有草甸土的分布，但以绥滨、同江、富锦、集贤、饶河等市县为多。全区草甸土面积 248.06 万 hm²，仅次于暗棕壤。在耕地中，草甸土占有最大比重，达 33.5%。从上到下分为腐殖质层（0 ~ 30cm），过渡层（30 ~ 49cm），锈斑层（49~50cm）。

5. 沼泽土

沼泽土是在常年积水或过湿条件下，土体上部泥炭化和下部潜育化的土壤。三江平原是我国沼泽土的集中分布区之一，主要分布在河漫滩和阶地上的碟形线型洼地中，总面积149.36万 hm^2。沼泽土的母质黏重并有季节性冻层存在，且富含铁铝氧化物、次生氧化硅、蒙脱石和水云母等胶体矿物，增加了土壤的持水性。土壤从上到下依次为：草根层（0~28cm），腐殖质层（28~52cm），过渡层（52~110cm）、潜育层（110cm以下）。

6. 泥炭土

主要分布在三江平原的低洼地带，一般地下水位比较高，地表常年积水，长有喜湿的植被，加上植被残体被河流冲刷沉积而形成的。从上到下有：泥炭层（0~40cm）、潜育层（40~90cm）、母质层（90cm以下）。

7. 水稻土

水稻土是长期种稻而获得新性状的土壤。大多分布于大小河流河漫滩以及Ⅰ级阶地上。在剖面形态上，水稻土表土结构不明显呈分散状态，容重增大，孔隙度降低，锈斑锈纹增多。水土壤属性及肥力特征明显受其前身土壤影响。自上而下有：潜育层（0~25cm），渗育层（25~55cm），沉积层（55~150cm）。

8. 冲积土和砂土

冲积土也称泛滥地土壤和新积土，是新近河流淤积物上发育的土壤。河流淤积的地质过程和成土过程并行。由于历次洪水流速大小不同，所携带的固体颗粒大小各异，表现在土壤剖面上为砂土、黏土或砂土和黏土相间，形成不同的质地层次，但一般质地较轻。砂土分布在江河湖岸，尤其是松花江以北地区，是在冲积的基础上又经风力搬运而成。一般在腐殖质层以下即为砂土层。这些区域若开垦，自然植被破坏，易风蚀沙化。

（二）植被

本区植被根据组成种类的数量和性质，以及与其生长密切相关的地形、土壤、水分状况等自然条件的差异并考虑生产的需要，将全区植被划分为森林、草甸、沼泽植被、水生植被等4种类型（刘兴土 等，2002）。

1. 森林

主要分布于山地，属红松林被采伐或被火烧之后的次生林，主要以落叶松、蒙古栎、紫椴、黄菠萝、水曲柳、木槭、胡桃楸、杨桦等为主，林下灌木树种繁多。

2. 草甸

主要分布于各河谷的漫滩中，草本植物有小叶樟、野豌豆、小白花、地榆、黄花菜、银道花、齿叶风毛菊、草莓、姜陵草、蚊子草、紫苑、走马芹等。在地势低洼地表积水地带有水毛茛、驴蹄草、苔草、芦苇、小叶樟、沼柳等，构成沼泽草甸。

3. 沼泽植被

广泛分布在各类低洼地和低漫滩上，沼泽植被主要有苔草、小叶樟、大叶樟、芦苇、丛桦、乌拉草等。

4. 水生植被

本区水生植被一般面积不大，多零散分布，水深一般在 3m 以内。按生活类型分为以下几种：

（1）沉水植物，如猩藻、金鱼藻、小狸藻、杉叶藻、水车前、苔草和黑藻等。

（2）浮水植物，如萍蓬草、两楼蓼、睡莲、浮萍、菱角、茶菱、水整等。

（3）挺水植物，如芦苇、水甜茅、蒿笋、菖蒲、香蒲、水木贼、黑三棱、灯心草、雨久花等。

六、土地利用类型

2013 年三江平原主要土地利用类型有耕地（旱田与水田）、林地、湿地、草地等（图 2-2）。目前，耕地主要分布于低平原地带以及山区河漫滩一带，面积达 486.67 万 hm²；林地主要分布于低山丘陵以及大部分山区，面积为 281.06 万 hm²；湿地分布广泛，集中于低平原以及河漫滩两侧，面积为 91.18 万 hm²；草地主要分布于低平原以及平原与山区交界处，面积为 70.18 万 hm²；其他面积为 159.91 万 hm²。

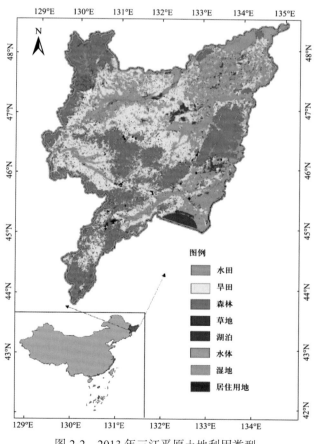

图 2-2　2013 年三江平原土地利用类型

第二节 水文地质概况

一、地质概况

（一）地形地貌

三江平原西部为小兴安岭东南缘和张广才岭东坡，中央横贯完达山脉东北和南部为三江低平原和穆棱-兴凯低平原。在地质上属于不同的构造单元，因此形成了 3 个不同的地貌区(杨湘奎 等，2008)。

1. 西部和中部低山丘陵区地貌

本区西部小兴安岭东南缘、张广才岭东坡及横贯平原中部的完达山脉，均属上升隆起的低山丘陵。丘陵前缘形成起伏平缓的岗坡地，低山丘陵中广泛发育有较宽坦的河谷。

2. 东北部低平原区地貌

东北部的低平原为大型内陆沉降盆地，是由黑龙江、松花江和乌苏里江等侵蚀堆积作用形成的。平原内广泛分布有一级阶地、高河漫滩和低河漫滩，零散分布有残丘状二级阶地。沉积物均为很厚的砂、砂砾石层，其间夹有薄层黏性土或透镜体。

3. 东南部穆棱-兴凯低平原区地貌

穆棱-兴凯低平原是在穆棱河和兴凯湖长期作用下形成的。平原内地域辽阔，地势低平。主要由高、低河漫滩，湖成阶地和湖滨滩地组成。

（二）地层岩性与构造

三江平原是由新构造运动而导致的大面积间歇沉降运动而形成的断陷盆地，在众多河流的冲积作用下，发育有广泛的一级阶地（高差 3～10m），二级阶地（高差 20～40m）（刘兴土 等，2002；杨湘奎 等，2008）。除缺少寒武系中统到志留系下统、石炭系中统、三叠系下统之外，其余不同时代的地层均有广泛的分布。该区前第四系的底层主要由古元古界，古生界、中生界以及新生界构成。该区第四系发育非常广泛，由下更新统到全更新统的沉积物组成，由砂及砂砾石构成，厚度一般为 100～200m，在松花江至绥滨县一代厚度达 200～300m，边缘地区例如兴凯湖以及穆棱河河谷地带较薄，约为 50m。下更新统的绥滨组主要分布于三江平原中下部，岩性为灰绿色、黄绿色中砂岩、砂砾岩为主，厚度达 200m。中更新统在本区主要是浓江组主要分布于山前台地，主要岩性为棕黄色、灰褐色以及灰黑色的粉细岩、中细砂、砂砾岩等，厚度达 100m 左右。上更新统主要分布于黑龙江、松花江以及乌苏里江的一级阶地，主要岩性为黄色的砂砾石以及卵砾石层，厚度达 40m 左右。全新统主要位于黑龙江以及松花江的河漫滩及古河道中，岩性为黄色的粉质砂土和砾卵石层，厚度达 30m 左右。

二、水文地质条件

完达山以北平原为第四系更新统、全新统含水组，具有储水盆地构造，赋存着丰富的地下水。在平原边缘，第四系含水层较薄，厚度为 10～20m，过渡带为 50～150m，中心部位厚度可达 230～270m。各含水层之间无隔水层，为一连续的含水体，透水性好，富水性强。根据钻孔情况，含水层一般 2~3 层，最多 7 层，累计厚度近 100m，岩性多为砂岩、砂砾岩等，形成孔隙-裂隙承压含水岩组（图 2-3）（杨湘奎 等，2008）。虽然储水盆地基底起伏不平，但总的构造方向是自西南微向东北倾斜，因此，区域地下水也是由西南向东北方向流动。

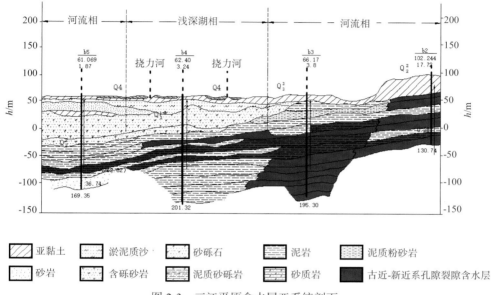

图 2-3　三江平原含水层亚系统剖面

　　完达山以南的穆棱-兴凯平原第四系更新统、全新统含水层各地厚度不同。在穆棱河两岸为 100～150m，虎林附近为 30～50m，宝东和虎头以北仅有 10～30m。兴凯湖周围含水砂层多呈透镜体或夹层存在，在 100m 以下方可见到 10～30m 厚的含水砂砾石层。三江平原周围的山区，主要为古生界、中生界的基岩裂隙水。当然在平原区第四系含水岩组之下，也有第三系的基岩裂隙水隐存。

　　根据地质构造、地貌单元及水文地质条件，本区分为 3 个水文地质区。低山丘陵水文地质区，岩石构造风化裂隙发育，利于降水下渗补给，形成风化构造裂隙水，一般为 30～50m，水位埋深度随地形起伏而异，多为 3～10m，水位年变幅 3～5m，主要被河流排泄；三江平原水文地质区，大部分地区在砂、砂砾石层之上覆盖有 217m 黏土层，形成弱承压水，缺失黏土层地带为潜水分布区，地下水蕴藏极其丰富，含水层厚度，由西南向东北由薄增厚，即由西南山前带为 50～150m，至东部抚远、同江、富锦达 230～270m，而挠力河两岸因受古地形影响变薄，为 5～20m；地下水位埋深在富锦西和挠力、松花江、黑龙江的低河漫滩，为 0.1～0.3m，富锦一带的一级阶地及抚远南部台地，水位一般为 3～16m；穆棱-兴凯低平原水文地质区，沉积了多层砂和砂砾石层，蕴藏有较丰富的地下水，部分地区（如在穆棱河两岸）砂层直接出露地表，形成潜水，在广大地区砾石和砂层之上覆盖着 1～3m 黏土层，形成弱承压水，含水层厚度各地不等，其中穆棱河谷两侧最厚，可达 150m，穆棱河以北地区最薄，仅有 10～30m，虎林市东南 30～50m，兴凯湖周围 80～100m 以下才可揭露 10 ~ 30m 的砂砾石含水层，水位埋深一般为 0.5 ~ 4.0m。

三、地下水系统

（一）地下水系统概述

三江平原是三面环山，两面水绕的开口形盆地，是在长期的内、外动力地质作用下，形成现在的地质、地貌和含水层及其结构格局。该盆地自古近一新近纪以来，沉积了巨厚的古近一新近系鹤立组、宝泉岭组与富锦组泥岩、砂岩及砂砾岩和第四系砂、砂砾石、砾卵石层，其中第四系砂、砂砾石、砾卵石的孔隙中赋存有丰富的松散岩类孔隙水，古近一新近系砂岩、砂砾岩的孔隙裂隙中赋存有孔隙裂隙水。

三江平原也是一个由山前微向东北倾覆的大型储水盆地。在盆地西部近山前地带地下水位标高 80 ~ 90m，南部近山前地带地下水位标高 70 ~ 85m，而在东北部地下水排泄基准面地带地下水位标高仅为 35m 左右，总水位差为 35 ~ 55m。

三江平原地下水系统的周边边界：西部、南部及东南部为低山正陵区的各种弱渗透性地层、岩浆质结构和自然地理因素控制岩体、阻水断层，构成含水层隔水（或弱透水）边界；北部及东北部为中俄界河——黑龙江和乌苏里江，为水位与流量边界。垂向边界：上部平原边界为主要的物质和能量交换边界；古近一新近系含水层底部分布稳定的泥岩或基底完整基岩为下部平面隔水边界。在多年开采状态下，三江平原地下水处于负均衡状态。

（二）地下水类型

依照三江平原含水层介质的不同，对本区地下水划分为两种基本类型，即松散岩层孔隙水和碎屑岩类裂隙水。松散岩层孔隙水，依埋藏条件又可分为孔隙潜水、孔隙承压水和孔隙层间水（刘兴土，2002）。

1. 松散岩层孔隙水

三江平原水系发达，在河谷平原分布广阔的松散堆积砂砾石层，形成了丰富的孔隙潜水。研究区第四系发育，连续面广阔，水量相当丰富。主要分布于研究区各江河的河漫滩或河流一级、二级阶地沼泽洼地内。构成了第四系砂-砂砾石松散堆积层含水体，含水层厚而且稳定，透水性好，富水性强，是本区农业灌溉用水的主要来源。

（1）孔隙潜水。主要分布在萝北地区及黑龙江、松花江和乌苏里江的高河漫滩、低河漫滩，以及穆棱河下游一带。含水层由全新统至更新统的中细砂、砂砾组成，含水层厚度各地不一。在低河漫滩上，含水层之上无黏土覆盖，而在高河漫滩和部分一级阶地上有不连续的亚黏土盖层，厚度 0 ~ 3m。孔隙潜水埋藏深度一般为 0 ~ 6m，最深可达 12m。潜水的补给来源主要是大气降水，其次是河水和山区裂隙水，水位的季节变化十分明显。主要分布在平原区的一级、二级阶地。含水层厚度为 70 ~ 200m，最厚达 273m。

（2）孔隙承压水。主要分布于平原区的一级、二级阶地。含水层厚度为 70~200m，主要由砂和砂砾石组成，含水量丰富。由于阶地地表普遍覆盖着 3~17m 的上更新统黏土和亚黏土层，构成了大面积稳定隔水顶板，使地下水具有承压性，承压水头 2 ~ 9m。地下水埋藏深度与隔水顶板的厚度基本吻合，水位埋深多为 3 ~ 7m，个别地方水位埋深达 10m。在完达山以南的迎春、虎林一带的阶地，因地表盖层薄，仅有 1 ~ 4m 厚的亚黏土或淤泥质亚黏土层，因此地下水只具有微承压性。承压水的补给来源主要是冲积层潜水侧向补给，或山区裂隙水补给。

（3）孔隙层间水。主要分布于平原东部的寒葱沟和东方红农场一带，为下更新统砂砾石组成，厚度 160～219m。含水层顶板普遍覆盖着 5～18m 厚的亚黏土。地下水埋藏深度一般为 14～22m，低于盖层 1～3m，为孔隙层间水。地下水补给来源主要是上游承压水径流补给。不同时代的基岩裂隙水分布于平原边缘山区或平原内一些零星的残丘、低山区。岩性为岩浆岩、变质岩、火山岩。富水程度取决于裂隙性质和状况。埋藏深度变化大，涌水量一般变化为 100～100m³/d，常以泉水形式出露。

2．碎屑岩类裂隙水

碎屑岩类裂隙水主要分布在河谷平原，具体分布于佳木斯、双鸭山、七台河和鸡西市地区，含水层主要岩性为砂岩、砾岩、页岩以及煤层等构成，胶结程度较好，岩石质地坚硬，分布广阔。含水层的岩性由新近系与古近系富锦组的粉细砂岩、中粗砂岩以及含砾砂岩等构成，胶结性较差，含水层顶板埋深一般为 35～130m。承压水头高度为 18～125m，北部高，南部低，地下水流向大致由西南向东北，水力坡度 1/500～1/1000，水位埋深一般为 1.9～17.7m，富水性受岩相和含水层岩性的控制，河流相地区的含水层厚度较大，粒度较粗，富水性很好，而湖相地区的含水层厚度小，粒度细以至于富水性较差。

（三）地下水补径排条件

三江平原地下水的补给、径流以及排泄条件，主要受该区的气象、水文、地貌、地质等诸多条件共同作用，由于各类型地下水和埋藏条件不同，所以其补给、径流、排泄条件各不相同。

1．地下水补给

地下水的主要补给来源为大气降水。该区为低山丘陵区，发育有大面积的风化裂隙和较大的地质构造，同时森林覆盖度高，有利于涵蓄水源，基岩裸露地区裂隙比较发育，渗透性好，非常有利于降水的渗入，因此补给以接受大气降水补给为主。在平原地区，地势平缓、地面坡降小，表层的亚黏土层相对较薄，雨后产流小，更加有利于大气降水的入渗补给。研究区河漫滩一带地下水主要接受大气降水入渗补给以及汛期河流的补给。平原区的一级阶地、二级阶地的地下水补给主要来自于丘陵地区地下水的侧向补给、大气降水补给、河流的补给、灌溉渠道及田间渗入补给。

2．地下水径流

三江平原地下水的径流，主要受该区的地貌和地质构造的控制。在低山丘陵区，地形坡度大，地下水流动速度快、时间历时短。在平原区，砂砾石含水层的渗透性、连通情况都比较好。由于水力坡度小，从山前的 1/500～1/1000 到其东部的 1/5000～1/8000，地下水径流比较缓慢，局部随构造不同流向发生局部的不同的变化。

3．地下水排泄

研究区低山丘陵地带的地下水在经历短暂的径流后，在山前部分以地下水侧向径流的形式排泄到平原区，或者以泉水的形式转化为地表水进行排泄。研究区山区基岩的地下水以泉水的形式进行排泄，在山前地带基岩与松散砂砾石有直接接触。平原区上覆盖有较薄的黏土层，地下水径流速度缓慢，主要排泄方式是人工开采、潜水蒸发、沿河地带的河道排泄以及侧向流出等。此外研究区的河谷平原的地下水埋藏过浅，主要以潜水蒸发排泄、地面蒸发、植物蒸腾和人工开采为主要的排泄方式。目前，随着地下人工水开采程度的不断加大，人工开采已成为最主要的排泄方式之一。

平原区的地表河流如黑龙江、松花江及乌苏里江在枯水期是地下水排泄的主要途径。在汛期，河水上涨，高于漫滩中的地下水位，对地下水都有不同程度的补给。

参考文献

刘兴土，马学慧. 三江平原自然环境变化与生态保育 [M]. 北京: 科学出版社，2002.

杨湘奎，杨文，张烽龙，等. 三江平原地下水资源潜力与生态环境地质调查评价 [M]. 北京: 地质出版社，2008.

付强，郎景波，李铁男，等. 三江平原水资源开发环境效应及调控机理研究 [M]. 北京: 中国水利水电出版社，2016.

第三章　水资源演变特征及规律

在全球气候变化与人类活动的双重影响下，流域（区域）水循环过程发生了深刻变化，从而导致水资源时空变异，给水资源量计算及水资源管理带来挑战。本章分析了三江平原水循环要素大气降水、径流和地下水位时空演变特征及规律，重点利用奇异值分解和小波理论揭示了地下水位对降水的时空响应模式，探讨了其影响因素，为充分认识三江平原的地下水-地表水转化关系以及水资源量计算提供了重要支撑。

第一节　大气降水

一、降水量演变特征

利用三江平原具有代表性的 8 个气象站 1956—2011 年逐月降水量资料（图 3-1），绘制了全年、旱季、雨季的降水量值、5 年滑动平均值，其中旱季为 11 月至翌年 4 月，雨季为 5—10 月。并利用 Mann-Kendall 方法分析得出降水量的变化趋势，采用 R/S 分析法得出降水量序列的 Hurst 指数，对该区未来的降水量变化趋势进行了预测。

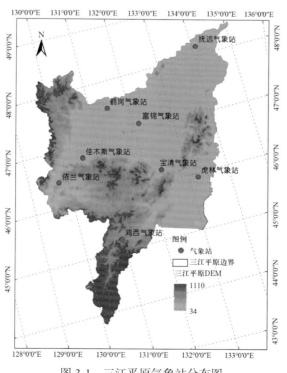

图 3-1　三江平原气象站分布图

　　可以看出，除了虎林站、鹤岗站、抚远站及佳木斯站的年降水量变化不大略有增加外，其余的富锦站、宝清、鸡西、依兰站的下降趋势显著（图 3-2）。此外，根据 Mann-Kendall 以及 Hurst 指数法可以得出，除了富锦站，鸡西站以及虎林站，其他各站点的变化趋势还将持续（表 3-1）。而对于雨季来讲，除了鹤岗站，其余各站的雨季降水都呈显著下降趋势（图 3-3）。对于旱季，都呈上升趋势（图 3-4），这也说明旱季降水量增加，雨季在减少。

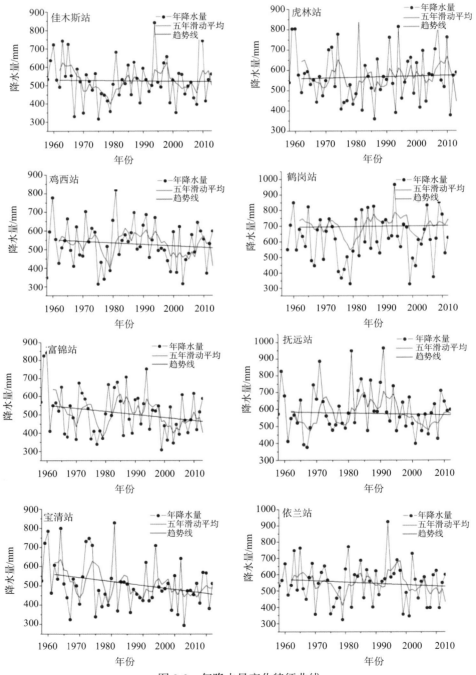

图 3-2　年降水量变化特征曲线

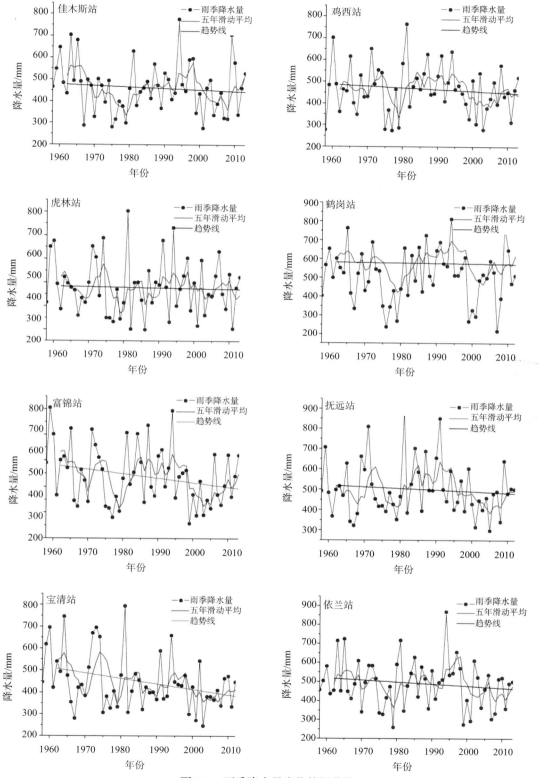

图 3-3　雨季降水量变化特征曲线

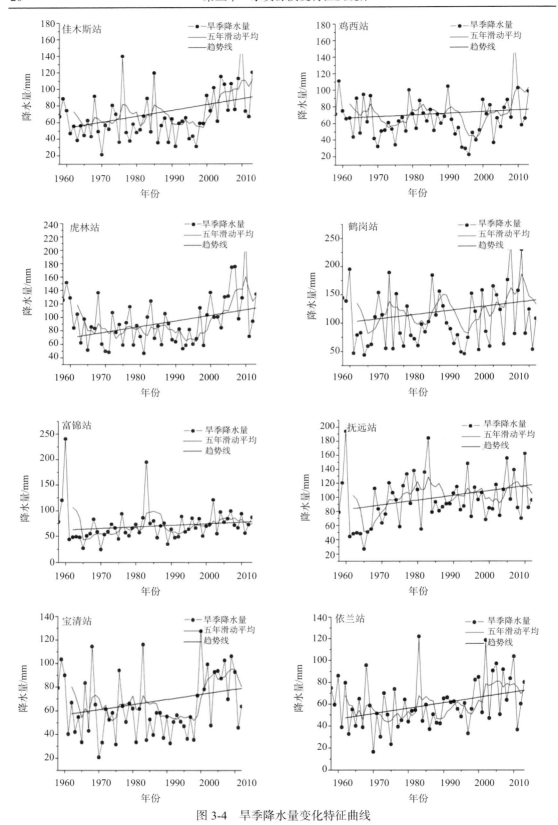

图 3-4　旱季降水量变化特征曲线

表 3-1　降水量趋势检验与 Hurst 指数

气象站	时段	Z_c 值	倾斜度 β	H_0 值
鹤岗站	全年	0.24	0.35	0.52
	雨季	3.62	0.17	0.41
	旱季	4.73	0.37	0.35
佳木斯站	全年	−1.78	−0.88	0.59
	雨季	−1.56	−1.25	0.52
	旱季	0.95	0.55	0.63
依兰站	全年	5.5	558.4	0.57
	雨季	6.98	495.6	0.93
	旱季	1.8	55.5	0.69
宝清站	全年	2.19	484.9	0.44
	雨季	1.54	422.15	0.45
	旱季	0.43	−58.15	0.49
富锦站	全年	0.78	1.87	0.59
	雨季	0.78	2.15	0.58
	旱季	1.73	0.46	0.89
抚远站	全年	1.03	0.22	0.42
	雨季	0.06	0.59	0.44
	旱季	2.21	0.69	0.55
虎林站	全年	1.53	0.06	0.5
	雨季	1.93	0.61	0.53
	旱季	4.53	0.39	0.42
鸡西站	全年	3.35	0.65	0.44
	雨季	0.57	0.41	0.41
	旱季	0.45	0.77	0.86

二、面平均降水量变化特征

选取三江平原具有代表性的 8 个气象站的 1956—2012 年逐月降水量数据，利用泰森多边形方法求得三江平原整体上的面平均降水量，结果表明三江平原面平均降雨量在空间上分布差异明显。总体趋势是山区小，平原区大。总体上看，多年平均降水量为 619.5mm，多年平均降水量波动不大，略有增加，以 6mm/10a 的速率增加（图 3-5）。造成空间上降水量不一致的原因主要是受由不同的土地利用方式影响。北部山区地带，分布着大量的森林及草地，在太阳光照射下，升温速度较快。相比于北部，南部则主要为低平原，种植大面积的水田，每年有近 6 个月的时间被水层覆盖，蒸发量较大。因此，降水频繁而且数量相比于北部山区大。

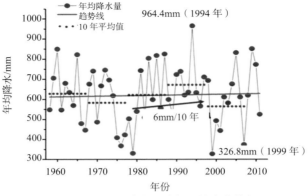

图 3-5 三江平原降水量多年平均变化特征

第二节 地表水

利用三江平原具有代表性的 5 个水文站的长序列实测径流量资料（图 3-6），对径流演变特征进行了分析。分别绘制了全年、丰水期、平水期与枯水期径流量值和 5 年滑动平均值（图 3-7 ~ 图 3-10）。并利用 Mann-Kendall 分析方法得出径流量的变化趋势，采用 R/S 分析法得出个径流量序列的 Hurst 指数，对该区未来的径流量变化趋势进行了预测。

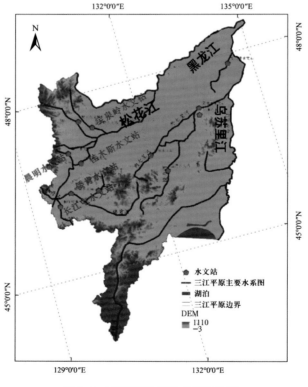

图 3-6 三江平原主要水文站分布

从图 3-7 到图 3-10 可以得出，从 1956 年至 2011 年，三江平原河流径流量波动较大，丰水期、枯水期和平水期均呈下降趋势，年径流量整体呈下降趋势。从表 3-2 可以看出，Z_c 值均小于 0，说明研究区过去 50 多年降水量整体上呈现下降趋势，且全年降水量通过了信度为 95% 的显著性检验，这种下降趋势是很明显的。同时由 Kendall 法中衡量趋势大小的倾斜度 β 值可以看出，各季节的 β 值均小于 0，说明径流量都处于下降的趋势，这与用 M-K 检验方法得出的结论是一致的。

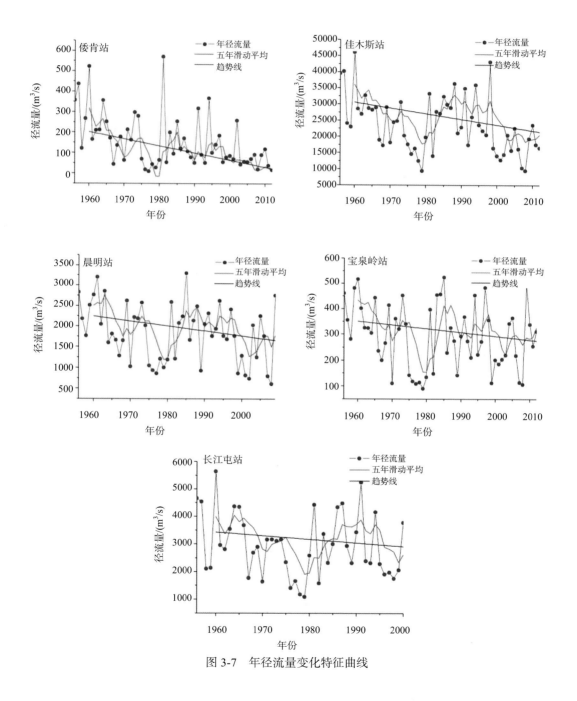

图 3-7　年径流量变化特征曲线

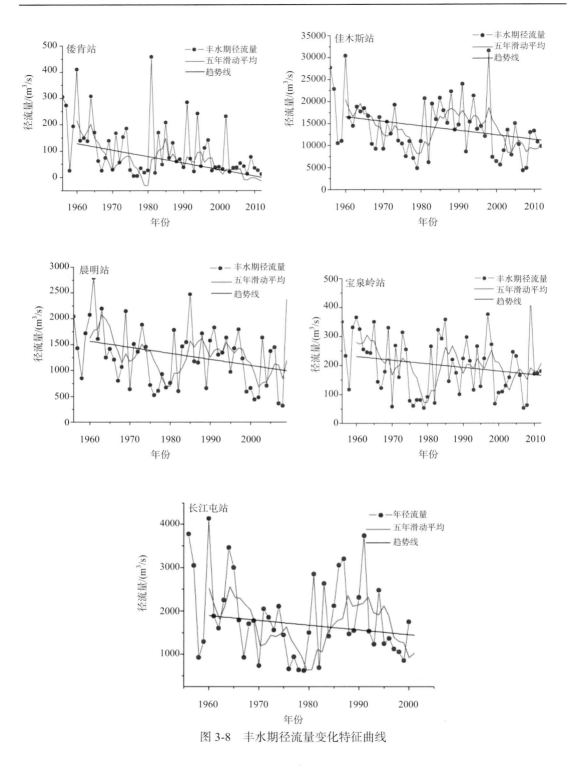

图 3-8 丰水期径流量变化特征曲线

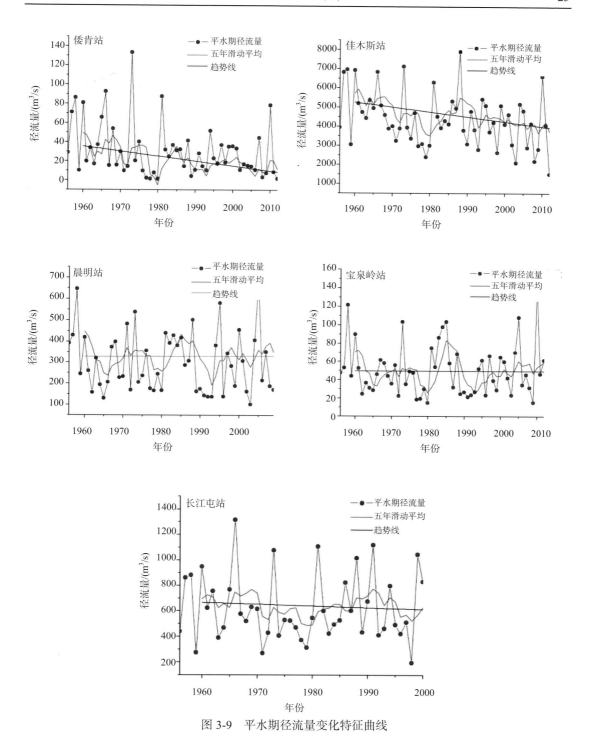

图 3-9　平水期径流量变化特征曲线

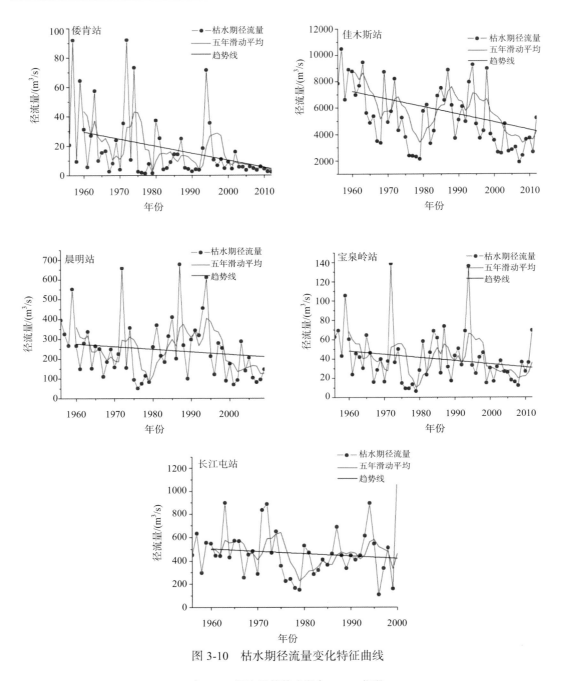

图 3-10　枯水期径流量变化特征曲线

表 3-2　径流量趋势参数与 Hurst 指数

水文站	时段	Z_c 值	倾斜度 β	H_0 值
宝泉岭站	全年	-1.97	-1.37	0.25
	丰水期	-3.5	-1.51	0.18
	平水期	-3.61	-0.1	0.43
	枯水期	-5.31	-0.23	0.5

续表

水文站	时段	Z_c值	倾斜度 β	H_0值
长江屯站	全年	-49.1	-52	0.62
	丰水期	-55.15	-35.76	0.51
	平水期	-58.91	-9.6	0.61
	枯水期	-63.05	-7.64	0.5
晨明站	全年	-8.47	-14.11	0.34
	丰水期	-11.56	-10.75	0.39
	平水期	-13.54	-1.17	0.35
	枯水期	-16.51	-2.2	0.4
佳木斯站	全年	-19.76	-194.54	0.59
	丰水期	-22.45	-107.11	0.57
	平水期	-25.01	-24.33	0.56
	枯水期	-28.8	-65.59	0.31
倭肯站	全年	-35.82	-2.82	0.45
	丰水期	-38.74	-1.58	0.41
	平水期	-40.88	-0.24	0.68
	枯水期	-44.06	-0.22	0.38

第三节　地下水

一、地下水年内动态总体特征

三江平原地下水动态变化受气象、水文以及人类活动影响较大。近些年来，尤其是人工开采已成为三江平原地下水的主要排泄方式。因此，地下水动态类型为典型的开采型，通过求取三江平原 127 眼观测井（图 3-11）2008—2012 年多年平均地下水埋深可以看出，抚远县洪河农场的地下水位年内埋深都超过了 8m，最大埋深达 9.2m，发生于 8 月。同理，富锦市创业农场、鸡西市八五四农场以及佳木斯市七星农场的年内地下水位均呈现了相类似的规律，最大的地下水埋深都发生在 7 月至 8 月初，这是典型的开采型地下水位动态特征。由于 7 月和 8 月是水稻种植生育期中的抽穗开花期以及黄熟期（Wang 等，2016），是需要水分最大的时期，因此也是大量的抽取地下水进行灌溉的时期，进而导致了地下水持续下降，达到最深，随后雨季来临，抽水量减少，降水补给地下水量增加，地下水位开始回升。从图 3-12 可以看出，最终地下水埋深都没能恢复到年初的水位上来，这说明三江平原的地下水开采处于超采状态。

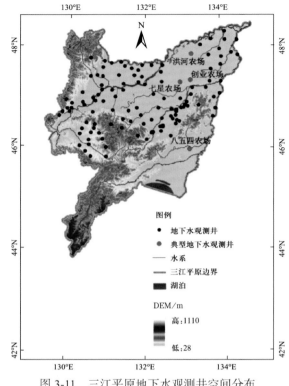

图 3-11　三江平原地下水观测井空间分布

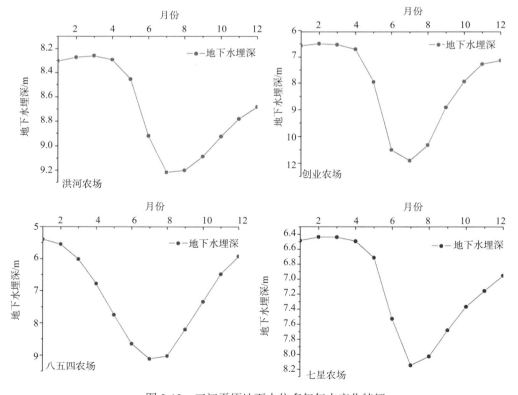

图 3-12　三江平原地下水位多年年内变化特征

二、地下水年际动态特征

　　同理,对三江平原地下水年际之间的变化特征进行分析。利用三江平原127眼长观井地下水埋深资料,采用基于面平均算法的泰森多边形法求得地下水埋深面平均变化值,可以得出三江平原的主要灌区以及县市区,地下水位由原来的波动型转为持续下降型(图3-13),2008—2012年平均下降0.3m/a(图3-14),这是由于近些年来,大规模的开采地下水进行灌溉水稻田,导致三江平原地下水位持续,已经形成大小不同的多个降落漏斗,采用ArcGIS软件利用Kriging方法分别绘制了研究区内2008—2012年地下水等水位线图(图3-15),可以看出,地下水降落漏斗主要分布在建三江分局、红兴隆分局以及牡丹江分局,这些地方也恰恰是三江平原大型农场所在地。

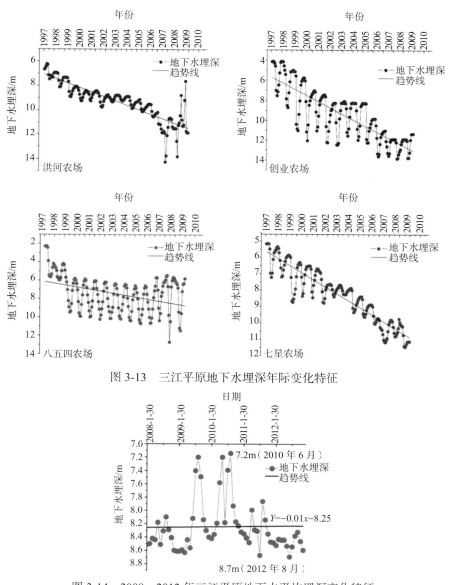

图 3-13　三江平原地下水埋深年际变化特征

图 3-14　2008—2012 年三江平原地下水平均埋深变化特征

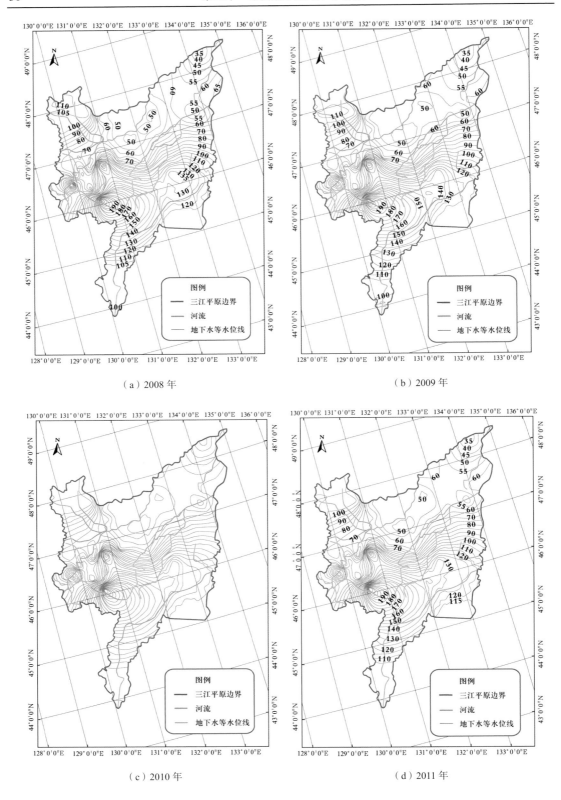

（a）2008 年

（b）2009 年

（c）2010 年

（d）2011 年

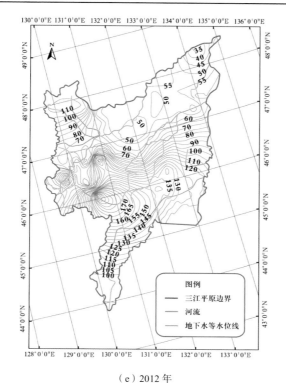

（e）2012 年

图 3-15 2008—2012 年三江平原地下水位等值线

同时，笔者选取了近河地区（距离河道3~5.5km 以内）22 眼观测井，远河地区/非灌区（>5.5km）12 眼观测井以及灌区 14 眼观测井的地下水位埋深数据（图 3-16），利用泰森多边形发分别求得了3 种主要地区的地下水埋深面平均值（图 3-17）。可以得出，三江平原地下水埋深总体上呈下降趋势，不同地区下降程度不一样。近河地区，由于河流与浅层地下水水力联系密切，相互补给作用频繁，使得地下水埋深在 2008—2012 年间以 0.27m/a 的速率下降。对于灌区，由于大量的开采地下水进行灌溉，灌溉回渗量远远小于开采量，使得地下水位埋深下降速率较大，在 2008—2012 年间以 0.80m/a 的速率下降。对于远河/非灌区，没有河流大量的补给作用，也没有开采大量的地下水进行灌溉，因此，在 2008—2012 年间以 0.56m/a 的速率下降。

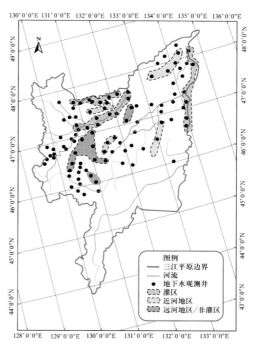

图 3-16 三江平原灌区、近河区和远河区/非灌区地下水观测井分布

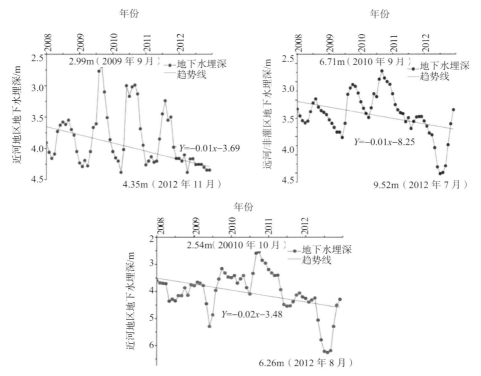

图 3-17　2008—2012 年三江平原地下水位埋深面平均埋深变化特征

第四节　地下水对降水的时空响应

　　三江平原地下水的主要补给来源是大气降水，地下水对降水时空响应特征的揭示将有利于地下水的合理开发利用。然而，二者时空响应特征仍待进一步研究。挠力河流域作为三江平原区域内的完整流域，具备三江平原地下水系统的典型特征。因此，选取挠力河流域作为典型研究区，分析地下水对大气降水的时空响应关系。

一、研究理论与方法

（一）奇异值分解

　　奇异值分解（SVD）方法，主要是用来分解耦合场的时空场，从而提取它们时间和空间的有用相关信息。它可以看作是一种基本的矩阵运算，对两个数据场的交叉相关系数阵进行奇异值分解，得到结果中空间场部分最大程度的解释了两场的协方差关系。因此，对于两个要素场，为了研究两者之间的相关关系，可以采用 SVD 方法来分解两个场的交叉协方差阵。

　　1. 奇异值分解原理

　　对于两个变量场中任意记某一个场为为左场 X（降水），包含 p 个空间点；另一个场为右场 Y（地下水），包含 q 个空间点。取这样两个气象要素场的 n 年资料，它们的交叉协方差阵记为 S_{12}。

$$A_{p\times q} = \frac{1}{n}XY' = \frac{1}{n}\begin{pmatrix} x_1y_1' & x_1y_2' & L & x_1y_q' \\ x_2y_1' & x_2y_2' & L & x_2y_q' \\ M & M & & M \\ x_py_1' & x_py_2' & L & x_py_q' \end{pmatrix} \tag{3-1}$$

对矩阵进行奇异值分解，即

$$A_{p\times q} = \underset{p\times p}{U}\ \underset{p\times q}{\Lambda}\ \underset{q\times q}{V'} \tag{3-2}$$

式中：U 和 V 是相互正交的。U 和 V 的列分别是左、右特征向量，即 $U=(u_1, u_2, ..., u_k)$ 和 $V=(v_1, v_2, ..., v_k)$。Λ 是非负奇异值组成的对角阵，阵中有 s 个非零的元素，是奇异值，按大小排列次序为 $\lambda_1 \geqslant \lambda_2 \geqslant L \geqslant \lambda_q$，$s$ 为矩阵的秩，s 为 p、q 之中较小的一个数。每一个奇异值和左右特征向量相对应。

特征向量的求解可以通过两个协方差阵的交叉积求出，即

$$\underset{p\times n}{S_{12}}\ \underset{n\times p}{S'_{12}} = U\Lambda V'(U\Lambda V')' = U\Lambda V'V\Lambda U' = U\Lambda^2 U' \tag{3-3}$$

由于两个协方差阵的交叉积阵是对称阵，可以按对称阵分解的方法求出特征值和特征向量吗，其特征值得开方就是奇异值，其特征向量就是左特征向量，由特征向量为列向量构成矩阵 $U_{p\times s}$。

同理：

$$\underset{p\times n}{S'_{12}}\ \underset{n\times p}{S_{12}} = (U\Lambda V')'U\Lambda V' = V\Lambda U'U\Lambda V' = V\Lambda^2 V' \tag{3-4}$$

对时间系数的分析，通过计算两个要素场 X、Y 各自在左、右特征向量 u_i 和 v_i 上的投影，得到左场的展开系数（时间系数）矩阵为

$$\underset{s\times n}{A} = \underset{s\times p}{U'}\ \underset{p\times n}{X} \tag{3-5}$$

同理，左场的展开系数（时间系数）矩阵为

$$\underset{s\times n}{B} = \underset{s\times q}{V'}\ \underset{q\times n}{Y} \tag{3-6}$$

因此：

$$\frac{1}{n}\underset{s\times n}{A}\ \underset{s\times n}{B'} = U'\left(\frac{1}{n}\underset{p\times n}{X}\ \underset{n\times q}{Y'}\right)\underset{q\times s}{V} = \underset{s\times p}{U'}S_{12}\underset{q\times s}{V} = \underset{s\times s}{\Lambda} \tag{3-7}$$

即某一奇异值对应左和右场的时间系数的协方差。第 1 对左与右场的时间系数的协方差有最大的奇异值，也具有最大的协方差。它们对应的左与右特征向量，分别构成左与右场的空间模态，它们对左右场相关特征有最大的解释量。但是，由于协方差有正（负）值，可以使用协方差的交叉积来表示协方差的能量，即

$$\left(\frac{1}{n}AB'\right)\left(\frac{1}{n}AB'\right) = U'S_{12}VV'S'_{12}U = U'S_{12}S'_{12}U = \Lambda^2 \tag{3-8}$$

因此，为了衡量各模态对原要素场 X、Y 的交叉协方差的贡献，定义第 k 个模态对平方协方差的贡献百分比率为

$$g(\mathrm{k}) = \frac{\lambda_k^2}{\sum\limits_{i=1}^{s} \lambda_i^2} \tag{3-9}$$

2. 同性相关

在空间模态的分析上面，是以异性相关图来描述两个场中那些相关性强的空间特征的。为了得到同性相关模态，利用上面得到的左右两场的展开系数，可以得到如下 k 个模态异性相关系数：

$$r\left(Y, b_k(t)\right) = \frac{\left\langle Y(t) b_t(t) \right\rangle}{\left\langle Y^2(t) \right\rangle^{1/2} \left\langle a_k^2(t) \right\rangle^{1/2}} \tag{3-10}$$

$$r\left(Y, a_k(t)\right) = \frac{\left\langle Y(t) a_t(t) \right\rangle}{\left\langle Y^2(t) \right\rangle^{1/2} \left\langle a_k^2(t) \right\rangle^{1/2}} \tag{3-11}$$

式中："< >" 为平均操作；$X(t)$ 和 $Y(t)$ 分别为左右场中格点距平变量时间序列；$a_k(t)$ 和 $b_k(t)$ 分别为第 k 个模态左、右场展开系数变量的时间序列。

（二）交叉小波

两个时间序列 X_n 和 Y_n 的交叉小波变化被定义为

$$W^{XY} = W^X W^{Y*} \tag{3-12}$$

其中，*代表时间序列 X_n 和 Y_n 的复数共轭；交叉小波能量为 $\left| W^{XY} \right|$。

两个时间序列的交叉小波理论分布和它们的功率谱 p_k^X 和 p_k^Y，可被表达为

$$D\left(\frac{\left| W_n^X(s) W_n^{Y*}(s) \right|}{\sigma_X \sigma_Y} < p \right) = \frac{Z_v(p)}{v} \sqrt{p_k^X p_k^Y} \tag{3-13}$$

式中：$Z_v(p)$ 为与由两个 χ^2 分布的乘积的平方根所定义的概率分布函数的概率 p 相关联的置信水平。

两个时间序列达到 5% 显著性水平的相位角，表达式如下：

$$a_m = \arg(X, Y) \quad , \quad X = \sum_{i=1}^{n} \cos(a_i) \quad , \quad Y = \sum_{i=1}^{n} \sin(a_i) \tag{3-14}$$

其中，a_m 是一组相位角的平均值（a_i，$i=1$，2，…，n）。

时间滞后（T_{lag}）为

$$T_{lag} = 1.01 a_m \tag{3-15}$$

（三）相干小波

通过相干小波分析两个时间序列 X_n 和 Y_n 的多时间尺度相关性，小波相干性 R 变化范围为[0，1]，表达式为

$$R_n^2(s) = \frac{\left| S[s^{-1} W_n^{XY}(s)] \right|^2}{S[s^{-1} |W_n^X(s)^2|] \cdot S[s^{-1} |W_n^Y(s)|]^2} \tag{3-16}$$

式中：W_n^x 和 W_n^y 分别为时间序列的 X_n 和 Y_n 的小波变换；W_n^{xy} 为它们的交叉小波功率谱；S 为平滑算子，表示为

$$S(W) = S_{scale}\{S_{time}[W_n(S)]\} \tag{3-17}$$

式中：S_{scale} 和 S_{time} 分别为小波尺度和时间的平滑算子。

对于 Morlet 小波，一个合适的平滑算子由 Torrence 和 Webster（1998）给出如下：

$$S_{time}(W)\big|_s = [W_n(s)c_1^{-n^2/2s^2}]\big|_s, [W_n(s)c_2\,\Pi(0.6s)]\big|_n \tag{3-18}$$

式中：c_1、c_2 为归一化常数；Π 为矩形函数。

本研究采用奇异值分解（SVD）与交叉小波结合的方法分析地下水位对降水的时空响应关系。通过 SVD 法识别地下水位对降水的空间响应模态，用交叉小波计算每一种模态下地下水位动态对降水的时间滞后关系。另根据相干小波和基于快速傅里叶的小波变换，分析地下水位对极端降水的响应。

二、地下水对降水的响应空间模式识别

根据 SVD 法确定了挠力河流域 2008—2013 年地下水与降水空间关系一个主要模态，这个模式解释了二者关系的 97.1%（图 3-18）。根据这个主要模态的异性相关系数（r），地下水与降水的关系在空间被分为四个模式（表 3-3）。

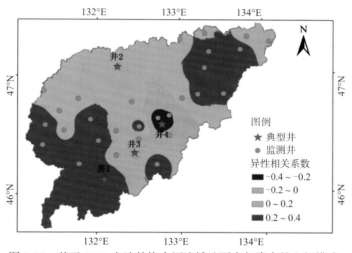

图 3-18　基于 SVD 方法的挠力河流域地下水与降水的空间模式

表 3-3　挠力河流域地下水与降水的四种时间模式的异性相关系数（r）

异性相关系数	模式 1	模式 2	模式 3	模式 4
r	0.2~0.4	0~0.2	-0.2~0	-0.4~-0.2

三、地下水对降水的响应时间模式识别

在四个模式区间内分别随机抽取一眼监测井作为典型井，并分别选择最靠近典型井的气象站。四种模式下地下水与降水时间序列的关系如图 3-19 所示。在模式 1 中，地下水位对降水响应最为敏感，当降水增加时，地下水位快速升高，当降水减少时，地下水位快速下降；在模式 2 中，地下水位对降水的响应有所延迟，当降水发生变化时，地下水对降水的响应发生滞后；在模式 3 中，地下水位呈现明显的下降趋势，当降水发生时，这种趋势

在一段时间后减缓；在模式 4 中，地下水位动态显著的滞后于降水，在雨季处于波谷，旱季处于波峰。

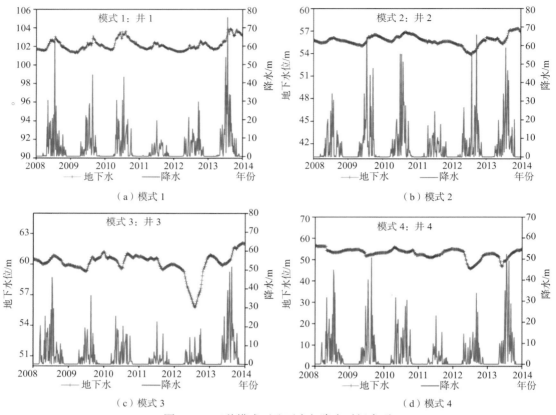

图 3-19 四种模式下地下水与降水时间序列

基于交叉小波的地下水与降水之间的时频关系和相位角如图 3-20 所示。在整个研究期，四种模式下地下水位的动态变化与降水存在着 230 ~ 480d 时间尺度的 5%显着性水平的相关性，即黑色线区域。此外，也有一些局部显著区域，在模式 1 中 2009 年存在着 20~40d 时间尺度的显著的相关性；在模式 2 中 2013 年存在 0~30d 的显著的相关性，等等。这些特征表明，在整个研究期间，降水对这些时间尺度下的地下水位变化有很强的影响。 另外，2008—2013 年各个阶段的相位角均呈上升趋势。

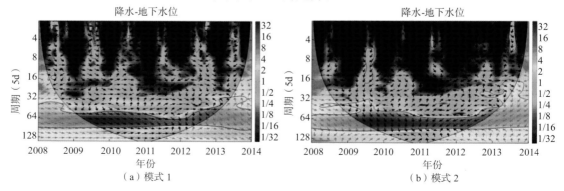

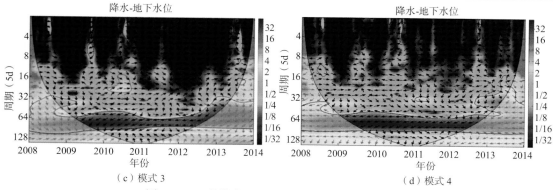

（c）模式3　　　　　　　　　　　　　（d）模式4

图 3-20　四种模式下地下水与降水的交叉小波变换

[黑实线轮廓范围内为5%显著性区域，相位角用箭头表示（向右为同相，向左为反相）]

根据交叉小波变换，计算了各个模式下2008—2013年地下水与降水之间平均相位角。根据相位角，计算了四种模式下地下水对降水的时间滞后（表3-4）。在模式1中，地下水位与降水之间的相位角最小，为27°（std:±8°），时间滞后27.4（std:±8.1）d。在模式4中，地下水与降水的时间滞后为173.4 (std: ±20.3)d，为四种模式中最大的。

表 3-4　年内四种模式的平均相位角（±标准差）和时间滞后（±标准差）

SVD 模式	相位角/(°)	时间滞后/d
模式1	27（±8）	27.4（±8.1）
模式2	106（±13）	107.5（±13.2）
模式3	138（±11）	139.9（±11.2）
模式4	171（±20）	173.4（±20.3）

除上述相关时间尺度外，基于相干小波（WTC）法的4种模式下2008—2013年地下水与强降水之间存在更多的局部相关性（图 3-21），即在该时间尺度上发生的降水对地下水影响强烈。在模式1中，2008年存在着0~10d尺度显著相关性，2009年为40~80d，2012年为15~80d[图3-18（a）]；同理，模式2中，2008年存在着20~60d显著相关性，2009年为20~120d，2011年为30~80d，2013年为15~30d；在模式3中，2008—2009年为160~240d，2010年为0~25d，2011年为70~90d，2013年为10~25d；模式4中，2008年为0~15d，2010年为65~100d，2011年为100~165d，2013年为50~70d。这些特征可以通过地下水位动态对强降水的响应来解释。

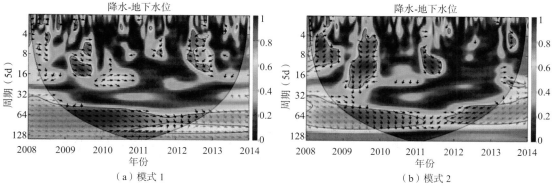

（a）模式1　　　　　　　　　　　　　（b）模式2

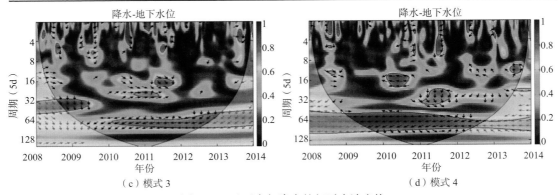

（c）模式 3　　　　　　　　　　　（d）模式 4

图 3-21　地下水与降水的相干小波变换

[黑实线轮廓范围内为 5%显著性区域，相位角用箭头表示（向右为同相，向左为反相）]

四、地下水位对降水响应的影响因素分析

基于 SVD 和交叉小波相结合的方法，确定了区挠力河流域地下水位与降水之间的四种时空关系。在空间上，四种模式的地下水位动态与降水的时间滞后有所不同，原因可以解释如下：

（1）人类活动。自 20 世纪 50 年代以来，挠力河流域的土地利用发生了巨大变化，近 80%的湿地被转化为耕地（Dan et al.，2015），其中水田总面积为 0.55 万 km^2，占 22.7%。作为一种喜湿作物，水稻是研究区域的主要植物，灌溉用水量最大，特别是在 5—8 月的作物生长期间（Liu et al.，2016）。在挠力河流域，地下水抽取的主要目的是为了满足农业灌溉的需求。有关研究表明，挠力河河流域地下水抽水量从 1988 年的 0.94 亿 m^3 增加到 2013 年的 15.1 亿 m^3。事实上，人类抽水已经成为流域地下水主要的排泄方式（Ruud et al.，2004；Wada，2016；Massuel et al.，2017）。地下水系统的自然平衡被打破，地下水动态也会随之发生变化。如果人工排泄量等于补给量以及减少的天然排泄量之和，地下水将达到新的均衡，地下水位将维持在较原先高程更低的位置，以更大的幅度变动，但不会持续下降。如果人工开采水量过大，补给量以及减少的天然排泄量之和，无法补偿人工排泄量时，地下水位将持续下降。地下水抽水量的增加导致地下水位下降，非饱和带厚度增加，继而导致地下水对降水的时间滞后增加。已有研究表明，地下水对降水的时间滞后关系与非饱和带厚度呈现显著的相关性（Lee et al.，2006）。例如，张光辉等（2007）通过实验证明，当非饱和带厚度大于潜水蒸发极限时，入渗速率随着非饱和带厚度的增加而减小，时间滞后增加。在本研究中，该结果在图 3-16 和图 3-17 有所显示。对于模式 1，地下水深度浅且小于 5m，地下水位变化对降水有显著的敏感性，时间滞后也比其他模式更小。对于其他模式，地下水埋深均大于 5m，时间滞后也大于模式 1。此外，相位角随着非饱和带厚度的增加而增加。这一现象表明，随着每个模式中非饱和带厚度的增加，时间滞后增加（图 3-17）。这可能是随着灌溉农业的发展地下水枯竭的信号（Ho et al.，2016）。

（2）含水层岩性。除人类活动影响外，含水层的岩性也是影响地下水与降水关系的重要因素之一（Chen et al.，2002；Helena et al.，2000）。一般来说，不同的含水层岩性具有不同的水文地质参数，即水力传导系数，降水入渗补给系数等（Gómez‐Hernández and

Gorelick，1989；Hatch et al.，2010）。因此，在空间上显示出地下水位动态与降水时间滞后的不同模式。以往的研究表明，挠力河流域的上游山区或残丘分布区属于基岩裂隙含水层，也是含水层的排泄区，平原区是地下水补给区。在这项研究中，在挠力河流域确定了四种模式。值得注意的是，模式 1 的地下水位时间滞后和变化在所有模式中都是最小的（图3-19）。这一现象表明，地下水很容易被降水入渗补给，并通过地下水流在基岩裂隙含水层中迅速排入河流。因此，这些区域地下水对降水的响应较快，但水位变化并不明显。然而，模式 4 的时间滞后和地下水位变化在所有模式中都是最大的，这表明地下水抽水量大时，尽管地下水位在一年内变化很大，含水层仍能得到较好的降水补给，只要含水层水力传导系数足够大，地下水位仍可恢复，只是恢复时间较长。

（3）降水强度。降水是地下水最重要的补给来源之一，其强度将对地下水动态产生重大影响（Owor et al.，2009）。然而，由于上述因素的影响，地下水位与降水时空关系在流域上有所不同。另外，值得注意的是，挠力河流域地下水位动态对极端降水非常敏感。

为了清楚地揭示地下水位与强降水之间的关系，分别基于快速傅里叶小波变换（CWTFT）法重建地下水位和降水信号（图 3-22）。重建的信号代表单位时间内地下水位或降水量变化强度。在模式 1 中，地下水与降水的共振频率高度一致。在其他模式中，地下水位幅度相对平缓[图 3-22（b）和图 3-22（c）]，对降水几乎没有响应。然而，在模式4 中，每年的 4 月和 5 月会发现一些强烈的振幅，这可能是灌溉抽取地下水导致地下水位急剧下降的结果。此外，随着降雨量的增加，响应更为明显。因此，加强雨洪资源的利用是增加地下水补给量的有效途径。这个结果也已经被以前的一些研究所证实(Taylor et al.，2013；Hartmann et al.，2014；Wang et al.，2015；Liu et al.，2016)。

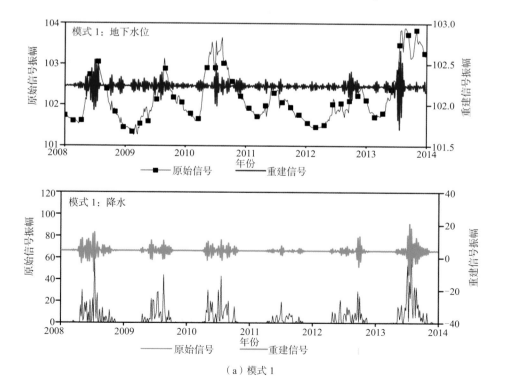

（a）模式 1

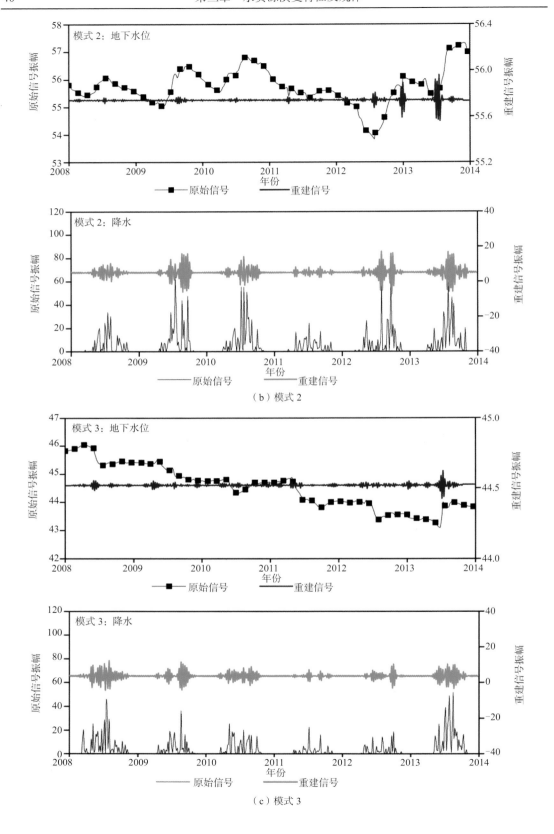

（b）模式 2

（c）模式 3

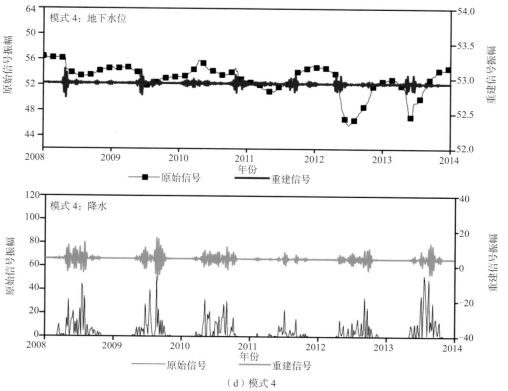

图 3-22　2008—2013 年地下水位和降水的原始信号重建

参考文献

Xihua Wang，Wenxi Lu，Y. Jun Xu. The positive impacts of irrigation schedules on rice yield and water consumption: Synergies in Jilin Province，Northeast China[J]. International Journal of Agricultural Sustainability，2016，14:1-12.

DAN W，WEI H，ZHANG S，et al. Processes and prediction of land use/land cover changes (LUCC) driven by farm construction: the case of Naoli River Basin in Sanjiang Plain [J]. Environmental Earth Sciences，2015，73(8): 4841-4851.

HARTMANN A，MUDARRA M，ANDREO B，et al. Modeling spatiotemporal impacts of hydroclimatic extremes on groundwater recharge at a Mediterranean karst aquifer [J]. Water Resources Research，2014，50(8): 6507-6521.

HO M，PARTHASARATHY V，ETIENNE E，et al. America's water: Agricultural water demands and the response of groundwater [J]. Geophysical Research Letters，2016，43(14): 7546-7555.

LEE L，LAWRENCE D，PRICE M. Analysis of water-level response to rainfall and implications for recharge pathways in the Chalk aquifer，SE England [J]. Journal of Hydrology，2006，330(3): 604-620.

LIU D，ZHANG J，FU Q. Study on complexity of groundwater depth series in well irrigation area of sanjiang plain based on continuous wavelet transform and fractal theory [J]. Research of Soil and Water conservation，2011，2: 027.

LIU Y，JIANG X，ZHANG G，et al. Assessment of Shallow Groundwater Recharge from Extreme Rainfalls in the Sanjiang Plain，Northeast China [J]. Water，2016，8(10): 440-453.

MASSUEL S，AMICHI F，AMEUR F，et al. Considering groundwater use to improve the assessment of groundwater pumping for irrigation in North Africa [J]. Hydrogeology Journal，2017: 1-13.

OWOR M，TAYLOR R G，TINDIMUGAYA C，et al. Rainfall intensity and groundwater recharge: empirical evidence from the Upper Nile Basin [J]. Environmental Research Letters，2009，4(3): 035009.

RUUD N，HARTER T，NAUGLE A. Estimation of groundwater pumping as closure to the water balance of a semi-arid，irrigated agricultural basin [J]. Journal of Hydrology，2004，297(1): 51-73.

TAYLOR R G，TODD M C，KONGOLA L. Evidence of the dependence of groundwater resources on extreme rainfall in East Africa [J]. Nature Climate Change，2013，3(4): 374-378.

WADA Y. Impacts of groundwater pumping on regional and global water resources [J]. Terrestrial Water Cycle and Climate Change: Natural and Human‐Induced Impacts，2016: 71-101.

WANG X，ZHANG G，XU Y J. Impacts of the 2013 Extreme Flood in Northeast China on Regional Groundwater Depth and Quality [J]. Water，2015，7(8): 4575-4592.

吴昌友. 三江平原地下水数值模拟及仿真问题研究 [M]. 北京: 中国农业出版社，2011.

张光辉，费宇红，申建梅，等. 降水补给地下水过程中包气带变化对入渗的影响 [J]. 水利学报，2007(5): 611-617.

第四章　气象水文干旱演变特征与洪水效应

气候变化加剧全球水文循环过程，增加干旱洪水发生的频率和强度，影响到可利用水资源量和供水保证率，如何减缓干旱洪水灾害和实现洪水资源化是应对气候变化的重要举措。本章分析了三江平原气象干旱和水文干旱的时空演变特征，重点研究了三江平原洪水对地下水位的影响，评估了洪水对地下水的补给量，阐述了洪水对三江平原水循环和湿地景观格局的影响以及湿地调蓄洪水功能，为三江平原应对干旱洪水灾害和实现洪水资源化提供科学依据。

第一节　气象干旱时空演变特征

干旱是因水分亏缺造成的一种气象灾害，引起水资源短缺、地下水储量锐减、农作物大面积减产等问题，相对其他的自然灾害，干旱的持续时间长，影响范围广，持续的干旱甚至造成严重的社会经济问题，影响人们的生活生产（冯波　等，2014）。根据研究对象或应用领域的不同，干旱可分为气象干旱、农业干旱、水文干旱、社会经济干旱 4 种类型。气象干旱通常是指降水量与蒸发量的不平衡时间较长而出现的水分短缺现象，是常见的气象灾害类型，且居各气象灾害之首（安莉娟　等，2007）。三江平原作为我国五大粮食产区之一，其抗旱能力弱，干旱对其社会经济，特别是农业生产影响巨大，还会造成水资源短缺、湿地萎缩和地下水位下降等诸多生态和环境方面的严重后果。因此，有必要探究三江平原气象干旱的时空演变特征，为区域干旱应对和水资源管理提供参考。

一、研究资料与研究方法

（一）研究资料

气象数据为三江平原 6 个气象站 1961—2010 年逐日降水、气温、相对湿度、风速和日照时数等数据，数据来源于中国气象数据网（http://data.cma.cn/）。这些气象数据经过中国气象局严格的质量控制，其实有率和正确率在 99% 以上，满足研究的精度要求。6 个气象站分别为：依兰站、佳木斯站、鸡西站、富锦站、宝清站、虎林站，其空间分布见图 4-1。

（二）气象干旱指数

Vicente-Serrano 等（2010）在标准化降水指数(Standard Precipitation Index，SPI)的基础上提出标准化降水蒸散指数 (Standard Precipitation Evapotranspiration Index，SPEI)，该指数具有 SPI 指数多时间尺度特征，并考虑了温度变化的影响，因此在许多国家和地区得到了广泛应用。学者们研究表明 SPEI 指数与东北地区干旱灾情数据和土壤水分监测值均具有极度的关联性，在东北地区干旱预测和定量化研究中具有较好的适用性（沈国强　等，2017）。因此，本研究采用 SPEI 指数探究三江平原地区气象干旱的时空演变特征。基于

1961—2010 年的实测气象资料分别计算了 3 个月（SPEI-3）和 12 个月（SPEI-12）尺度的 SPEI 值，其中 SPEI-3 表征短时间尺度的季节性干旱，SPEI-12 表征长时间尺度的年或年际干旱。在此基础上分析 SPEI 的月变化特征、季节特征和干旱发生频次的空间分布特征以及不同年、季节的干旱频次比、干旱持续时间和干旱强度的变化特征。根据中国气象局制定的 SPEI 干旱等级划分标准对流域干旱等级进行划分：SPEI>-0.5 为无旱；-1<SPEI≤-0.5 为轻旱；-1.5<SPEI≤-1 为中旱；-2<SPEI≤-1.5 为重旱；SPEI≤-2 为特旱。

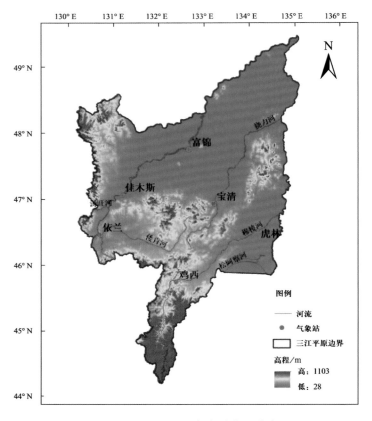

图 4-1   三江平原气象站位置分布

二、气象干旱时空变化特征

（一）气象干旱时间变化特征

1. SPEI-3 和 SPEI-12 变化特征

近 50 年三江平原 SPEI-3 指数变化区间为-2.38 ~ 2.24[图 4-2（a）]，变化倾向率为 0.001/10a，1961—2010 年 SPEI-3 呈微弱的递增趋势，即总体干旱化的趋势有所减缓。其中，几次干旱持续时间长且强度较大，如 1970 年 2 月至 1971 年 4 月（持续时间为 15 个月，干旱强度为 12.55）、1975 年 1 月至 1976 年 1 月（持续时间为 13 个月，干旱强度为 10.88）。因此，过去 50 年，三江平原季节性干旱略有减弱，但减弱趋势不明显，且季节性干旱仍然较为频发。

近 50 年三江平原 SPEI-12 指数变化区间为-1.66～1.34，1961—2010 年 SPEI-12 呈微弱的减少趋势，即总体呈干旱化的趋势特征[图 4-2（b）]。三江平原区干旱有明显的时段性，1970—1980 年和 2000—2010 年气象干旱较为频繁，几乎每年都有干旱发生；说明近50 年三江平原有干旱加重的趋势。其中，几次干旱持续时间长且强度较大，如 1975 年 8月至 1981 年 4 月(持续时间为 65 个月，干旱强度为 6.43)、2001 年 6 月至 2004 年 4 月（持续时间为 34 个月，干旱强度为 8.25）、2005 年 7 月至 2007 年 4 月（持续时间为 21 个月，干旱强度为 5.99）和 2007 年 6 月至 2009 年 7 月（持续时间为 34 个月，干旱强度为 14.48）。

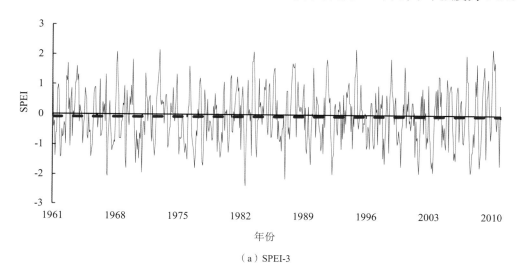

（a）SPEI-3

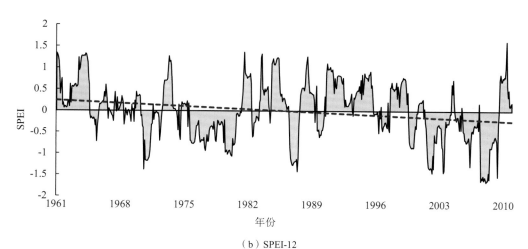

（b）SPEI-12

图 4-2　1961—2010 年三江平原 SPEI-3 和 SPEI-12 变化特征

2. SPEI 季节变化特征

1961—2010 年三江平原春季和冬季 SPEI 均呈缓慢上升趋势，夏季和秋季呈缓慢下降趋势（图 4-3）。春季 SPEI 变化倾向率为 0.159/10a，SPEI 小于 0 和大于 0 的年份分别共有22 年和 28 年，其中，2010 年春季 SPEI 值为 1.70，旱涝等级为重涝，1992 年和 2003 年春季 SPEI 值为-1.57 和-1.58，旱涝等级为重旱[图 4-3（a）]；夏季，SPEI 变化倾向率为 0.039/10a，

SPEI 小于 0 和大于 0 的年份均为 25 年，其中，1991 年夏季 SPEI 值为 1.26，旱涝等级为中涝，1982 年 SPEI 值为-1.73，旱涝等级为重旱[图 4-3（b）]；秋季，SPEI 变化倾向率为 0.162/10a，SPEI 小于 0 和大于 0 的年份分别共有 27 年和 23 年，其中，1987 年和 1994 年秋季 SPEI 值分别为 1.58 和 1.62，旱涝等级为重涝，1977 年和 2007 年秋季 SPEI 值均为-1.43，旱涝等级为中旱[图 4-3（c）]；冬季，SPEI 变化倾向率为 0.098/10a，SPEI 小于 0 和大于 0 的年份分别共有 28 年和 22 年，其中，1997 年冬季为中旱，SPEI 值分别为-1.04[图 4-3（d）]。以上分析表明，春季湿润化速度最快，1982 年、1992 年和 2003 年重干旱年的发生主要是由该年春旱和夏旱影响，1997 年和 2007 年的中旱主要是受该年的秋旱所致。

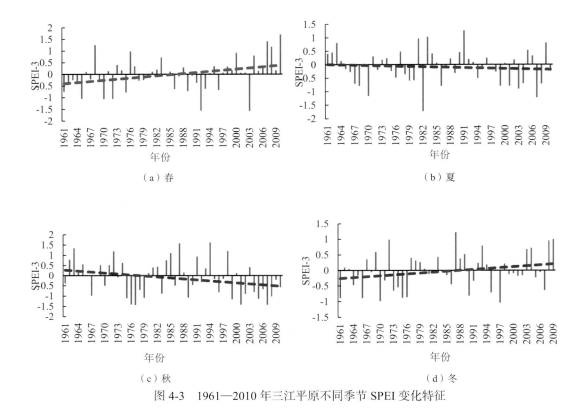

图 4-3　1961—2010 年三江平原不同季节 SPEI 变化特征

（二）气象干旱事件时间变化特征

1. 气象干旱覆盖范围变化特征

通过每个站点 SPEI-3 和 SPEI-12 可分别计算分析三江平原季节和年尺度下的干旱发生范围。三江平原近 50 年来站次比在 0～100% 之间波动变化，且变化程度剧烈（图 4.4）。其中 1966 年、1983 年、1988 年、1993 年、1997 年 5 年发生部分区域性干旱，占总年数的 9.8%；1960 年、1961 年、1994 年、1998 年 4 年发生局域性干旱；1992 年无干旱发生；除此之外，22 年均为全域性干旱，共占总年数的 43.14%；19 年为区域性干旱，占总年数的 37.25%。

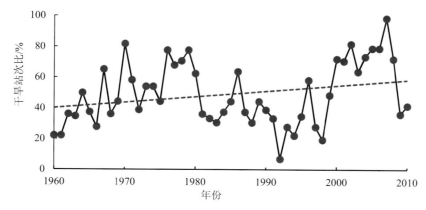

图 4-4 1961—2010 年三江平原干旱覆盖范围变化特征

结合表 4-1 和图 4-4 站次比趋势线可以看出，三江平原干旱影响范围总体较大，全域性干旱发生频繁，占 43.14%，局域性干旱和无明显干旱发生较少，占总年数的 7.84% 和 1.96%；站次比年际差异大，少有连续大范围干旱出现。近 50 年干旱站次比总体呈缓慢上升趋势，站次比变化趋势率为 9.779/10a；20 世纪 80 年代干旱影响范围最小，全域性干旱年份最少，变化倾向率为 -2.0813/10a，在此之前，站次比呈上升趋势，其中 1960—1975 年变化倾向率为 2.292/10a，1991—2010 年站次比呈明显上升趋势，变化倾向率为 2.73/10a；2000 年以后，干旱站次比增大最显著，全域性干旱达 8 年，无明显干旱年数为 0。

表 4-1 三江平原各年代不同范围干旱年数统计

年份	全域性干旱	区域性干旱	部分区域性干旱	局域性干旱	无明显干旱
1961—1970	3	5	1	2	0
1971—1980	8	2	0	0	0
1981—1990	1	7	2	0	0
1991—2000	2	3	2	2	1
2001—2010	8	2	0	0	0

2. 季节干旱频次变化特征

春季全域性干旱主要发生于 20 世纪 60 年代初至 70 年代后期以及 80 年代后期至 90 年代初期，区域性干旱主要发生于 80 年代。发生区域性干旱、全域性干旱的年数分别为 10 年和 26 年，无干旱年数为 14 年[图 4-5（a）]。夏季全域性干旱主要发生于 70 年代后期和 80 年代后期，区域性干旱主要发生于 70 年代后及 90 年代后。发生区域性干旱、全域性干旱的年数分别为 12 年和 28 年，无干旱年数为 10 年[图 4-5（b）]。秋季发生频率较高的全域性干旱主要发生 70 年代和 90 年代，区域性干旱主要发生于 80 年代初期。发生区域性干旱、全域性干旱的年数分别为 7 年和 30 年，无干旱年数为 13 年[图 4-5（c）]。冬季全域性干旱主要发生于 70 年代后期和 90 年代后期，发生区域性干旱、全域性干旱的年数分别为 7 年和 26 年，无干旱年数为 17 年。总体来说，全域性干旱发生次数最多的季节为秋季，其次为夏季，春季和冬季全域性干旱发生次数最少；区域性干旱发生次数最多的季节为夏季，秋季和冬季最少[图 4-5（d）]。

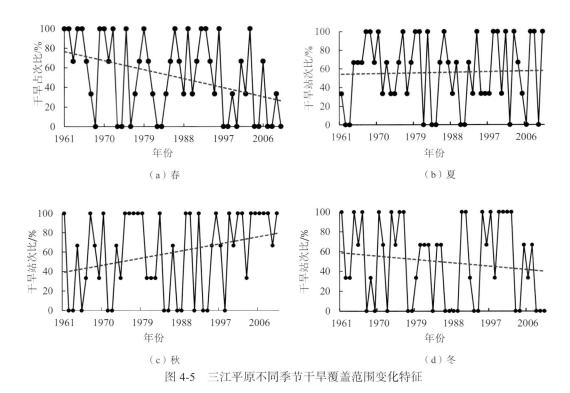

图 4-5　三江平原不同季节干旱覆盖范围变化特征

3. 气象干旱强度变化特征

SPEI-3 干旱事件强度呈减小趋势，变化倾向率为 0.012/10a。近 50 年所有干旱事件强度的平均值为 0.547，60% 的干旱事件强度在 0.2~0.6 之间波动；其中，干旱强度最大的年份发生在 1975 年，其值为 1.093，为中度干旱事件，其次是 1967 年，其值为 0.986，为轻旱事件[图 4-6（a）]。

从 1961 年至 2010 年区域干旱强度变化特征可以看出[图 4-6（b）]，SPEI-12 干旱强度较大，1996 年以后，干旱强度有加重的趋势。1960—1974 年和 1996—2010 年，干旱强度都呈增加趋势，而在 1975—1995 年，干旱强度呈减少趋势，变化倾向率为 0.0005。近 50 年，三江平原干旱强度的均值为 0.678，干旱强度在 0.004~2.23 之间波动；其中，干旱强度最大的年份发生在 2009 年 5 月，强度值为 2.234，其次是 2003 年 7 月，干旱强度为 2.04。

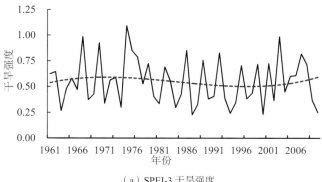

（a）SPEI-3 干旱强度

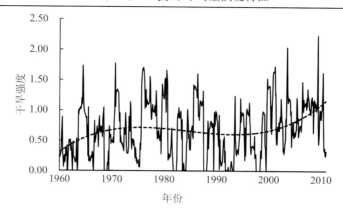

（b）SPEI-12 干旱强度

图 4-6　1961—2010 年三江平原 SPEI-3 和 SPEI-12 干旱强度变化特征

4. 气象干旱持续时间变化特征

在 SPEI-3 和 SPEI-12 中，一次干旱事件开始到结束所跨越的时间定为该次事件的名称，不同时间尺度干旱事件持续时间变化特征存在差异。季节干旱上，干旱事件持续时间整体呈显著的减少趋势，变化倾向率为 0.121/10a，干旱事件持续时间的离散程度亦渐趋平缓，其中，20 世纪 60 年代、90 年代和 2000—2009 年干旱事件平均持续时间分别为 4.05 个月、2.96 个月和 4.25 个月，70 年代最长为 5.01 个月，80 年代最短为 2.89 个月[图 4-7（a）]；近 50 年的干旱事件持续时间均值为 3.832 个月，大多数干旱事件持续时间处于 1~9 个月，其中，持续时间最长的是 1970—1971 年干旱事件，持续时间长达 15 个月。年尺度干旱上，干旱事件持续时间整体亦呈增加的趋势，其中，20 世纪 70 年代、90 年代和 2000—2009 年干旱事件平均持续时间分别为 7.75 个月、5 个月和 21 个月，80 年代最长为 21.5 个月，60 年代最短为 3.83 个月，近 50 年干旱事件平均持续时间为 10.92 个月，大多数干旱事件持续时间处于 1~10 个月，其中持续时间最长的是 1975—1983 年干旱事件，持续时间长达 69 个月，其次是 2001—2004 年、2005—2007 年和 2007—2009 年干旱事件，其持续时间分别为 35 个月、22 个月和 25 个月[图 4-7（b）]。

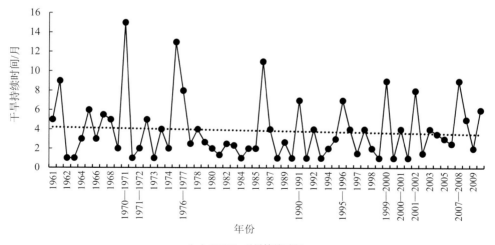

（a）SPEI-3 干旱持续时间

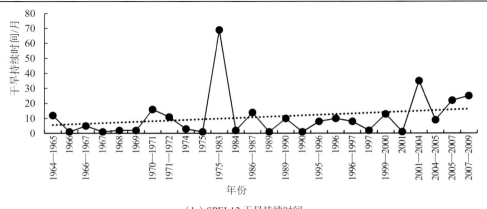

（b）SPEI-12 干旱持续时间

图 4-7　1961—2010 年三江平原 SPEI-3 和 SPEI-12 干旱持续时间变化特征

（三）气象干旱空间变化特征

空间上，松花江下游、富锦区、虎林区，干旱较为频发，平均干旱强度呈明显的东北部强西南弱的特征，其中宝清县和佳木斯市干旱强度较弱，松阿察河和松花江下游的地区干旱强度较强[图 4-8（a）]。三江平原干旱较为频发，区内干旱频次达到 50%的区域占研究区的 55%[图 4-8（b）]。虎林区、富锦区和松花江流域的下游地区平均干旱持续时间较长，都达到了 11 个月以上；其中，干旱持续月数在 11 个月以上的区域占研究区的 18.46%，在 10 个月以上的区域占研究区的 56.92%[图 4-8（c）]。松花江下游地区的富锦气象站，平均每次气象干旱时间达到 13.38 个月，虎林气象站和佳木斯气象站平均每次气象干旱时间分别为 12.83 个月和 9.37 个月，鸡西气象站和挠力河中游的宝清气象站，平均每次气象干旱时间分别为 8.59 个月和 8.94 个月，依兰气象站平均每次气象干旱时间达到 6.91 个月。变化趋势上，松花江区气象干旱均呈加重趋势，且由西向东，这种趋势逐渐减弱[图 4-8（d）]，其中汤旺河区、倭肯河区、牡丹江区干旱化趋势明显，三江平原东北部干旱化趋势较弱。

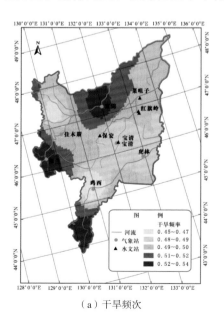

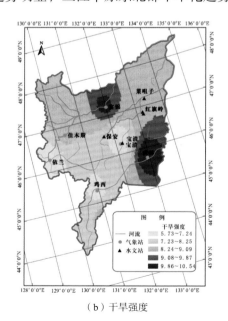

（a）干旱频次　　　　　　　　　　　　　　　　　（b）干旱强度

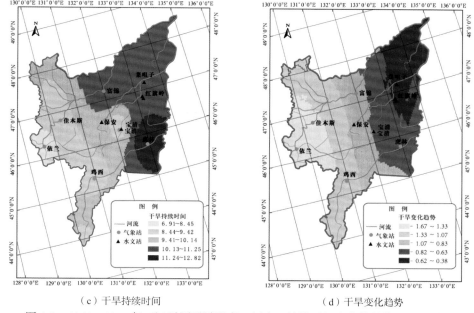

（c）干旱持续时间　　　　　　　　　　（d）干旱变化趋势

图 4-8　1961—2010 年三江平原干旱强度、频次、持续时间和变化趋势的空间分布

第二节　水文干旱时空演变特征

　　水文干旱是指径流低于正常值或含水层水位降落的现象，通过构建干旱指数[如径流距平指数、Palmer 水文干旱指数（PHDI）、地表供水指数（SWSI）、标准径流指数（SRI）和径流干旱指数（SDI）等]进行水文干旱研究是目前简单有效的方法（Heim，2002）。通常情况下，水文干旱要晚于气象干旱和农业干旱，是气象、农业干旱的延续与发展，以径流量为干旱指标的水文干旱被认为是最彻底的干旱，一旦发生将对区域水资源系统平衡造成不可估量的影响。因此，对水文干旱进行有效的监测、分析和评估，是对流域水资源合理管理与高效利用的重要前提（Shokoohi et al，2015）。通过构建干旱指数（如径流距平指数、Palmer 水文干旱指数、地表供水指数、标准径流指数和径流干旱指数等）进行水文干旱研究是揭示水文干旱演变特征和规律的有效工具。

　　挠力河位于三江平原腹地，为黑龙江支流乌苏里江左岸的较大支流之一，是典型的沼泽性河流，流域面积占整个三江平原面积 1/4，因此选择该流域研究三江平原水文干旱具有重要意义。由于流域湿地垦殖等人类活动的影响，流域水文要素发生显著改变，对生态环境产生不利影响。水文干旱的研究填补了三江平原水文情势研究的空白，对三江平原地区社会经济活动、农业生产实践、河流生态保护以及生态文明建设具有重要意义。

一、研究资料与研究方法

（一）研究资料

　　水文数据来源于 4 个水文站（图 4-9）：挠力河流域支流上游控制站——保安水文站、挠力河上游宝清水文站、中游支流——红旗岭水文站和下游菜咀子水文站 1961—2010 年逐月径流数据。以上径流序列能反映出控制流域径流变化情况，具有很好的代表性。数据资料较完整，可靠性高。

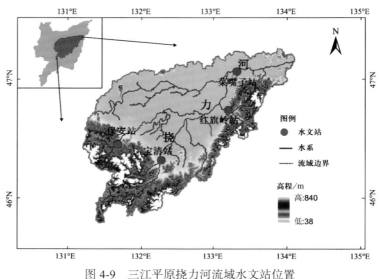

图 4-9　三江平原挠力河流域水文站位置

（二）水文干旱指数

径流干旱指数（Streamflow Drought Index，SDI）采用 Γ 分布概率来描述径流量的变化，对呈偏态概率分布的径流量进行正态标准化处理，最终用标准化径流累计频率分布来划分干旱等级。SDI 以观测径流数据为基础，可以计算不同时间尺度的水文干旱情况，也能反映由于季节变化引起的滞后而导致干旱事件变化的情况，在国际上应用广泛（Dai A et al，2011）。根据 SDI 指数，可将水文干旱划分为 5 个等级：SDI≥0 为无旱；-1.0≤SDI<0 为轻旱，-1.5≤SDI<-1 为中旱，-2≤SDI<-1.5 为重旱；SDI<-2 为特旱。Fleig 和 Szalai（Fleig A K，2006）认为 12 个月尺度的干旱指数比较小尺度的干旱指数更能表现出干旱的演变特征，尤其是水文干旱的盈亏特征，故本研究采用 3 月尺度（SDI-3）和 12 个月尺度（SDI-12）的 SDI 指数探究三江平原地区水文干旱的时空演变特征。

二、径流干旱演变特征

（一）径流干旱指数的时间变化特征

1. SDI-3 变化特征

4 个水文站 SDI-3 波动频繁，总体都呈干旱化的趋势，且极端水文干旱频发。4 个水文站的 SDI-3 都呈微弱的减少趋势，保安水文站、宝清水文站、红旗岭水文站和菜咀子水文站都在 20 世纪 70 年代末和 2000—2009 年发生了持续时间长、强度大的干旱。如保安水文站在 1975 年 7 月至 1984 年 10 月和 2001 年 7 月至 2006 年 1 月分别发生了长达 87 个月和 55 个月的水文干旱，气候倾向率分别为-0.018/10a，干旱强度分别为 72.17 和 74.69[图 4-10（a）]；宝清站在 1975 年 7 月至 1980 年 10 月、1986 年 1 月至 1987 年 7 月和 2004 年 8 月至 2006 年 5 月分别发生了长达 65 个月、19 个月和 22 个月的水文干旱，气候倾向率分别为-0.017/10a，干旱强度分别为 70.55、11.82 和 17.68[图 4-10（b）]；红旗岭站在 1975 年 4 月至 1977 年 3 月、1985 年 6 月至 1987 年 5 月和 2001 年 7 月至 2003 年 2 月分别发生了长达 24 个月、24 个月和 20 个月的水文干旱，气候倾向率分别为-0.013/10a，干旱强度分别为 13.1、17.56 和 19.72[图 4-10（c）]；菜咀子站在 1975 年 9 月至 1981 年 1 月、1989 年 4 月至 1993 年 12 月、2004 年 7 月至 2007 年 3 月分别发生了长达 65 个月、43 个月和 34 个月的水文干旱，气候倾向率分别为-0.021/10a，干旱强度分别为 65.45、34.58 和 24.22[图 4-10（d）]。

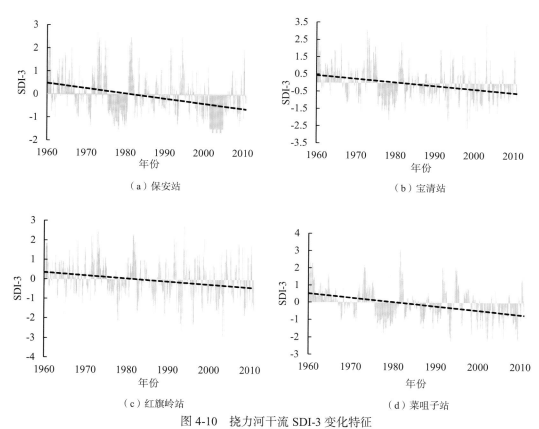

图 4-10　挠力河干流 SDI-3 变化特征

2．SDI-12 变化特征

4 个水文站的 SDI-12 都呈减少趋势，都在 20 世纪 60 年代末、1974—1981 年和 1999—2010 年发生了持续时间长且强度大的干旱。保安水文站 SDI-12 指数在-1.83~2.5 之间波动，气候倾向率为-0.025/10a。1975 年 10 月至 1981 年 3 月和 1997 年 8 月至 2007 年 4 月分别发生了长达 66 个月和 117 个月的水文干旱，干旱强度分别为 67.88 和 111.77[图 4-11（a）]；宝清水文站 SDI-12 指数在-2.32~2.53 之间波动，气候倾向率为-0.021/10a，1975 年 10 月至 1981 年 4 月、1999 年 7 月至 2003 年 4 月和 2003 年 6 月至 2007 年 4 月分别发生了长达 67 个月、46 个月和 47 个月的水文干旱，干旱强度分别为 94.89、33.13 和 23.62[图 4-11（b）]；红旗岭站 SDI-12 指数在-2.93~2.68 之间波动，气候倾向率为-0.016/10a，1975 年 9 月至 1980 年 5 月、1985 年 8 月至 1989 年 7 月和 1992 年 8 月至 2006 年 7 月分别发生了长达 57 个月、37 个月和 106 个月的水文干旱,干旱强度分别为 47.69、32.76 和 106.63[图 4-11(c)];菜咀子站 SDI-12 指数在-1.68~2.46 之间波动,气候倾向率为-0.023/10a,菜咀子站在 1999 年 9 月至 2010 年 4 月发生了长达 127 个月,干旱强度为 102.3[图 4-11(d)],变化趋势上,菜咀子站水文干旱在 1999 年以后最为严重,如 2000—2010 年一直处于水文干旱状态。

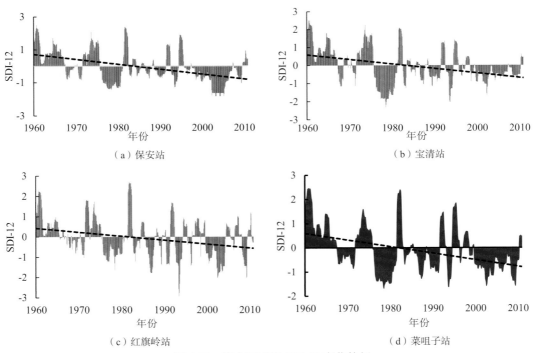

（a）保安站   （b）宝清站

（c）红旗岭站   （d）菜咀子站

图 4-11 挠力河干流 SDI-12 变化特征

（二）挠力河流域水文干旱演变特征

基于 4 个水文站 SDI-3 月和 SDI-12 月时间序列,对 4 个水文站不同干旱等级的干旱频次、干旱持续时间和干旱强度统计分析,揭示挠力河流域水文干旱时空演变特征。

1. 水文干旱强度变化特征

4 个水文站 SDI-3 干旱事件强度呈增大趋势,变化倾向率为 0.01/10a,水文干旱强度在 0.01~2.21 之间波动,近 50 年干旱事件强度的平均值为 9.051,71.55%的干旱事件强度在 0.01~1 之间波动,其中最强的水文干旱事件发生在 1993 年,SDI 值为 2.21,为重度干旱事件,其次是 2002 年水文干旱事件,SDI 值为 2.19,为重旱事件。从 1961 年至 2010 年区域内干旱强度变化特征可以看出[图 4-12(a)],1967 年以后,干旱强度有加重的趋势,1967—1978 年和 1993—2006 年,水文干旱强度有加重的趋势,而在 1978—1993 年和 2006—2010 年,水文干旱强度呈减少趋势。

4 个水文站 SDI-12 干旱事件强度呈增大趋势,变化倾向率为 0.009/10a,干旱强度在 0.01~1.68 之间波动,近 50 年干旱事件强度的平均值为 30.42,最强的是 1978 年,值为 1.68,为重旱事件,其次是 1993 年,值为 1.63,为重旱事件。从 1961 年至 2010 年区域内干旱强度变化特征可以看出[图 4-12（b）]，1966 年以后，水文干旱事件频发；年际变化上，1966—1979 年和 1994—2007 年，水文干旱强度呈加重的趋势，而在 1979—1994 年和 2007—2010 年，水文干旱强度呈减弱的趋势。

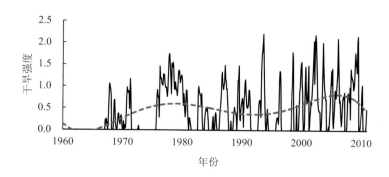

（a）SDI-3 水文干旱强度

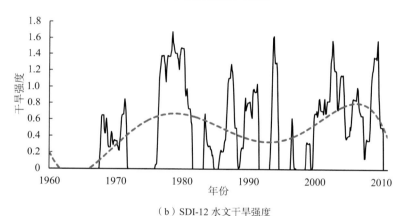

（b）SDI-12 水文干旱强度

图 4-12　挠力河干流 SDI-3 和 SDI-12 水文干旱强度变化特征

2．水文干旱持续时间变化特征

在 SDI-3 和 SDI-12 中，一次干旱事件开始到结束所跨越年份定为该次水文干旱事件的名称。SDI-3 中，干旱事件持续时间最长为 65 个月[图 4-13（a）]，变化倾向率为 0.33/10a，干旱事件持续时间的离散程度亦渐趋平缓，其中，20 世纪 80 年代、90 年代和 2000—2009年干旱事件平均持续时间分别为 10.38 个月、7.33 个月和 13.25 个月，70 年代最长为 27.33个月，60 年代最短为 6.20 个月；近 50 年的干旱事件持续时间为 11.53 个月，大多数干旱事件持续时间处于 1~10 个月之间，其中，持续时间最长的是 1975—1981 年干旱事件，持续时间长达 65 个月。SDI-12，干旱事件持续时间整体亦呈增加的趋势，其中，20 世纪 60 年代、70 年代和 80 年代干旱事件平均持续时间分别为 52 个月、68 个月、30.33 个月，90 年代最短为 12 个月，2000—2009 年最长为 128 个月，其中持续时间最长的是 1999—2010 年干旱事件，其持续时间长达 128 个月，其次是 1975—1981 年和 1967—1971 年干旱事件，其持续时间分别为 68 个月和 52 个月[图 4-13（b）]。

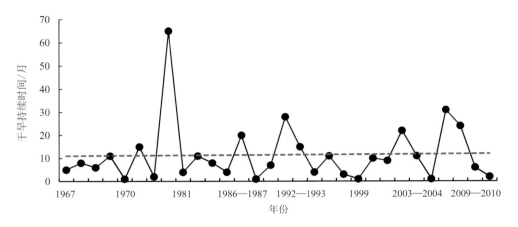

（a）SDI-3 水文干旱持续时间

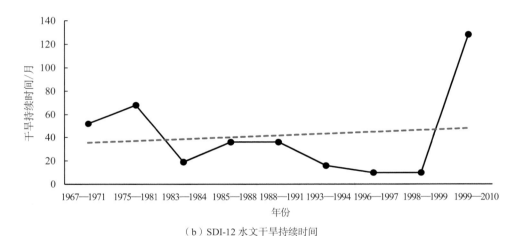

（b）SDI-12 水文干旱持续时间

图 4-13   挠力河干流 SDI-3 和 SDI-12 水文干旱持续时间变化特征

3.水文干旱空间变化特征

菜咀子站水文干旱频次最多,水文干旱持续时间最长,水文干旱强度最大;红旗岭水文站总体水文干旱频次最少,水文干旱持续时间最短且干旱强度也最小。水文干旱频次上,菜咀子站干旱频次最多,值为 0.62,保安站干旱频次为 0.6,仅次于菜咀子站,宝清站干旱频次为 0.58,红旗岭站干旱频次最少,值为 0.53[图 4-14（a）]。水文干旱强度上,菜咀子站平均干旱强度最大,值为 7.54,保安站次之,平均干旱强度为 3.23,宝清站平均干旱强度为 2.24,红旗岭站平均干旱强度最小,值为 2.04[图 4-14（b）]。水文干旱持续时间上,菜咀子站平均水文干旱持续时间为 46.87 个月,其次为保安站,平均干旱持续时间为 32.81个月,宝清站次之,平均干旱持续时间为 22 个月,红旗岭站最短,平均干旱持续时间为14.45 个月[图 4-14（c）]。综合分析可以看出,挠力河流域菜咀子站水文干旱频发且严重,即挠力河下游地区水文干旱程度强于上游地区。

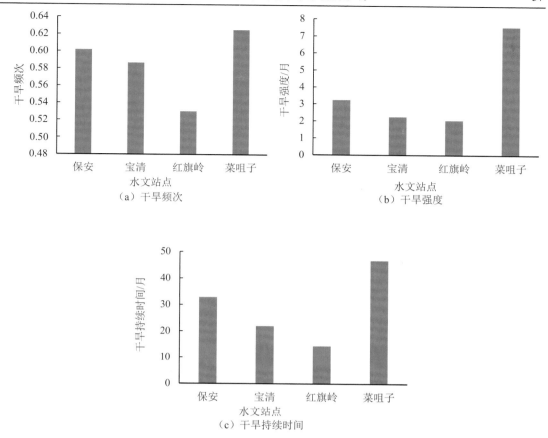

图 4-14　挠力河干流水文干旱频次、强度和持续时间变化特征

第三节　洪水对地下水系统的影响

　　在我国洪水频发与水资源短缺共存的背景下，洪水资源利用不仅是解决我国水资源供需矛盾的重要举措，也是新时期治水思路和理念的重大转变，即从"洪水控制"转向"洪水管理"。虽然洪水有时候会带来灾难，但是洪水的发生也有一定的积极作用。洪水资源是水资源的重要组成，对地下水系统尤为重要。Doble 等（2011）发现洪水淹没平原的浅层地下水补给率一直很高。Belousova（2011）通过对俄罗斯的河水水位和地下水位相关分析，发现不同的洪水频率对地下水影响不同。Simpson 等研究表明洪水大小、持续时间对滨水地区浅层地下水影响不同，特大洪水对地下水补给较高。王喜华等（2015）分析了洪水对三江平原的地下水位和水质的影响；Taylor 等(2013)也证明了洪水对地下水的补给具有显著的效果。

　　三江平原地势低洼，排水不畅，汛期受江河洪水顶托，洪涝灾害频发，在很大程度上制约了农业的生产。随着大规模的农业垦殖，耕地面积尤其水稻种植面积不断扩大，对地下水开采量日益增加，导致地下水位持续下降，甚至部分地区出现地下漏斗现象，影响了地下水系统的可持续性。因此，分析区域洪水对地下水系统补给量的影响，可为变化环境下流域（区域）水资源综合管理和调控提供科学依据。

一、2013 年洪水特征

2013 年黑龙江省夏季气候异常，降水显著增多。夏季全省平均降水量为 453mm，比常年偏多 33%（那济海 等，2013），降水分布特征呈现从东到中部，从南到北的递减，雨量在东部最大，东北最小（图 4-15）。自 8 月 15 日到 17 日，持续的暴雨加剧了洪水的强度，引发了十几年来最严重的洪灾。8 月 25 日，在黑龙江萝北水位达到 99.85m，超过警戒水位 2.05m，超警水位一直持续了 28d。9 月 2 日，黑龙江干流上的抚远站水位达到 89.88 m，超过警戒水位 2.38m，超警水位一直持续了 46d，洪水过程线见图 4-16。经调查分析，此次降水是 1896 年以来实测最大洪水（曹振宇 等，2014）。随着全球气候变暖，黑龙江变暖更加明显，极端天气与暴雨频次增多，大的气候背景已转为多雨时段。在此背景下，可以考虑实施"以丰补歉"，充分利用洪水资源，来缓解研究区三江平原地下水持续下降的趋势。因此，如何科学利用过境洪水资源，遏制地下水位下降，同时提高水资源综合利用效益，是当前三江平原亟须解决的重要问题。而洪水对地下水的补给量的估算便是首要解决的关键问题。

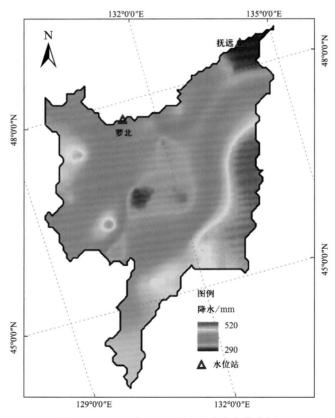

图 4-15　2013 年三江平原夏季降水分布图

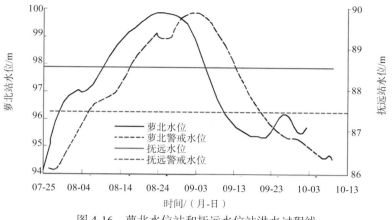

图 4-16　萝北水位站和抚远水位站洪水过程线

二、数据与研究方法

（一）数据来源

数据主要来源于《中国地质环境监测地下水位年鉴》《黑龙江省统计年鉴》、佳木斯水文局资料以及近几年来本项目监测、统测及试验数据。其中，地下水位监测点为 102 眼井，时间序列为 2008—2013 年；典型地下水位观测点 4 眼井，时间序列为 1997—2012 年。

（二）克里金插值法

克里格方法为空间差值提供了很好的线性无偏估计。克里金法的用途很广，涉及很多领域，是一种很实用而且传统的地质统计格网化方法。本部分利用 Golden Surfer 9.0 软件的克里金插值处理数据。普通克里金差值的方程为

$$Z(x_p) = \sum_{i=1}^{n} \lambda_i Z(x_i) \tag{4-1}$$

式中：$Z(x_p)$ 为 x_p 处的空间差值；$Z(x_i)$ 为采样点 x_i 的属性值；λ_i 为待求权系数。

（三）水位动态法

利用水位动态法计算模型估算 2013 年特大洪水对三江平原地下水的补给量（$\sum Q$），公式为

$$\sum Q = \Delta H \mu F \tag{4-2}$$

式中：ΔH 为地下水位变幅，m；μ 为水位变幅带含水层给水度；F 为研究区面积，m^2。

研究首先采用克里金插值法计算地下水埋深平均变化值，对三江平原地下水的变化特征进行分析，借助数据处理平台，应用水位动态法计算模型估算 2013 年特大洪水对研究区地下水的补给量。

由水文动态法的公式可以看出，地下水位埋深的变化是计算洪水补给地下水的关键。如果没有发生 2013 年洪水，三江平原浅层地下水位仍呈原有趋势不断下降，其地下水位埋深应远大于实测水位埋深。在数据有限的情况下，无法准确确定未发生洪水时的地下水位埋深，很难进行洪水补给地下水的具体数量估算。然而考虑到相对于地表水来说，多年地下水储量相对稳定，即每年的丰水期与枯水期的水位差值多在一个波动的范围内。

利用多年地下水储量平均相对变化量与 2013 年洪水发生导致的地下水储量变化量进行比较，其差值可近似作为洪水补给地下水的最小估量。笔者利用 Golden Surfer 9.0 软件的空间分析和软件的体积计算功能计算三江平原地下水储量的变化。其中，地下水位变幅（ΔH）采用各监测井点地下水埋深最大值与最小值差值；给水度（μ）根据《水文地质手册》（第 2 版）中给出的相关参数，并参照三江平原地区水文地质分区，利用 GMS 软件模拟率定得到，结果见图 4-17。GMS 是用于地下水模拟的综合性图形界面软件包，已广泛应用于很多国家和地方。主要通过以下四步骤实现：①实测信息资料收集；②概念模型构建；③地下水流模型模拟与校准；④预测模拟。详细建模和模拟过程参见文献（王喜华，2015）。最后将这些数据插值格网化，代入式（4-2），得到三江平原地下水年内变动结果。

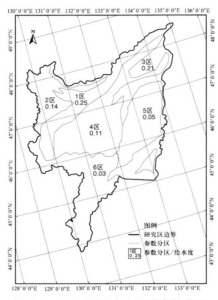

图 4-17   三江平原水文地质参数分区

三、地下水动态变化特征

三江平原 2008—2012 年地下水埋深总体平均值见图 4-18，可以看出地下水埋深在 1～20m 内，空间分布差异明显，东南部地下水埋深浅，中西部与北部地下水埋深较深。空间上，灌区的地下水下降速度最快、远河非灌区次之、近河区的地下水下降速度最慢。

由 2008 年与 2012 年三江平原地下水埋深变动等值线图 4-19（a）可以看出，总体地下水位变动范围为-3.5～5.5m，绝大区域变化在 0～2m 范围内，地下水位总体呈下降趋势；仅局部地下水位上升，主要是由于 2012 年降水补充所致。在空间上，地下水位下降的程度东北大于西部。由 2012 年和 2013 年三江平原地区地下水埋深变动等值线图 4-19（b）可以看出，地下水位呈上升趋势，幅度多为 0～3m，在空间上表现为西北部高于东南部。

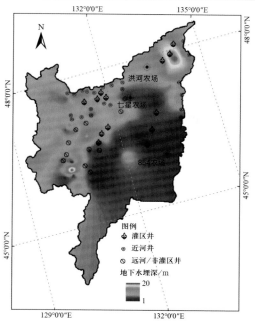

图 4-18　2008—2012 年三江平原地下水埋深分布特征

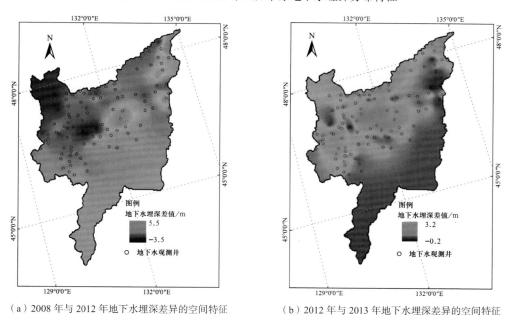

（a）2008 年与 2012 年地下水埋深差异的空间特征　　　　（b）2012 年与 2013 年地下水埋深差异的空间特征

图 4-19　三江平原 2008 年与 2012 年以及 2012 年与 2013 年地下水埋深差异的空间特征

四、洪水对地下水补给量的评估

应用水位动态法计算模型估算 2013 年特大洪水对研究区地下水的补给量。考虑到所获得的 102 个地下水位监测点集中于三江平原的中部和北部，为了减少估算误差，在计算补给量时只以三江中北部为计算区域，面积为 79636 km²。结果见图 4-20 和表 4-2。

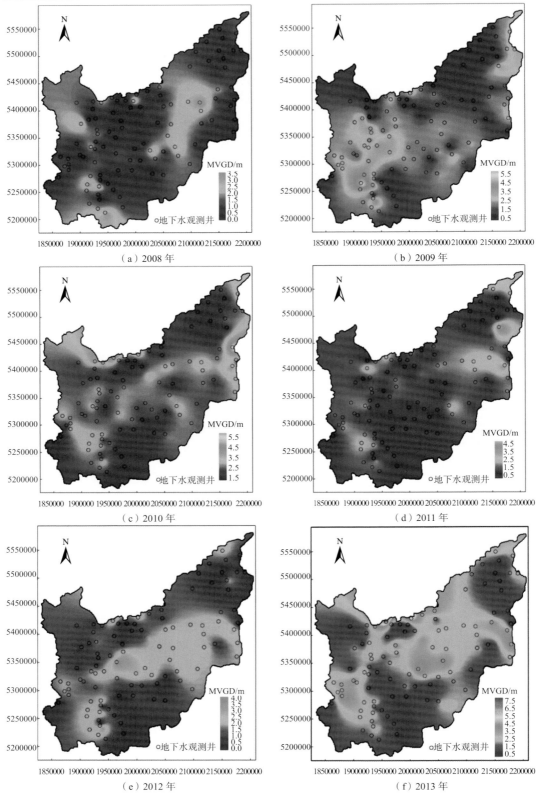

图 4-20　2008—2013 年三江平原中北部地下水变动（MVGD）差异空间特征

表 4-2　2008—2013 年三江平原中北部地区地下水年内变动结果

年份	地下水位变动/m	面积/亿 m²	比例/%	地下水储量变动/亿 m³
2013	0~1	156.43	19.64	207.67
	1~3	574.11	72.09	
	>3	65.83	8.27	
	1.72	796.36	100.00	
2012	0~1	176.26	22.13	174.0
	1~2	458.19	57.54	
	>2	161.91	20.33	
	1.42	796.36	100.00	
2011	0~1	311.26	39.09	152.52
	1~2	431.37	54.17	
	>2	53.73	6.75	
	1.13	796.36	100.00	
2010	0~1	212.45	26.68	173.97
	1~2	492.30	61.82	
	>2	91.60	11.50	
	1.38	796.36	100.00	
2009	0~1	178.28	22.39	174.61
	1~2	420.88	52.85	
	>2	197.20	24.76	
	1.53	796.36	100.00	
2008	0~1	314.18	39.45	157.53
	1~2	393.50	49.41	
	>2	88.68	11.14	
	1.18	796.36	100.00	

（一）洪水前后地下水位变动

2008—2012 年整个三江平原的地下水埋深年内变动值多在在 0~2m，五年平均值为 1.33m，2008 年为地下水埋深平均变动最低值 1.13m，2009 年为最高值 1.531m。2013 洪水过后，地下水位变动值在 1~3m 范围内的面积有 57411km²，占整个三江平原地区的 72.09%，均值为 1.73m，比洪水前五年均值约高 0.4m（图 4-20）。空间上，中间区域地下水埋深变幅大、南北变幅小。

（二）洪水对地下水补给量的评估

2013 年洪水后，地下水储量显著增加。2008—2012 年内水储量处于 152.52 亿 m³（2011 年）至 174.61 亿 m³（2009 年）范围内，五年平均值为 166.53 亿 m³。2013 年内地下水储量变动值为 207.67 亿 m³，远大于平常年地下水储量变动值。由于常年地下水储量的补给来源包括降水，因此，此次洪水比前 5 年降水补给地下水的量增加了约 41.14 亿 m³。即，2013 年黑龙江特大洪水对三江平原地下水补给量可能超过 41.14 亿 m³。由此可见，2013

年黑龙江特大洪水对三江平原地下水补给具有显著作用。

第四节　洪水对湿地生态系统的影响

洪水不但对恢复地下水具有重要作用，如果洪水得到有效合理的利用将是洪泛湿地重要的生态水源。据估计全球湿地面积约有 5.7 亿 hm²，其中 15% 是洪泛湿地（国家林业局，2001）。洪水作为河流一种不定期的自然现象，发生时会对河滨或洪泛湿地造成一定扰动，这种扰动维持了河流与湿地的水文连通性，也是维持湿地景观和生态系统的重要方式。洪水携带营养物质、植物种子、植被有机残体和泥沙等含量丰富的水流进入洪泛区，补充湿地地表水，提高洪泛湿地地表水水位，增加洪泛湿地面积，影响湿地的地貌演变，不但影响洪泛区湿地的水循环过程，还促进洪泛区湿地景观演替及生物多样性改善。洪水对湿地生态系统的影响主要包括洪水控制洪泛区湿地沉积过程、洪水促进湿地系统的水循环、洪水促进洪泛区湿地景观修复、洪水对湿地植被的影响和洪水对湿地土壤的影响（卢晓宁 等，2005）。同时，湿地对洪水也具有调蓄作用。

一、洪水控制洪泛区湿地沉积过程

洪水具有巨大的搬运和携带营养物质、植物种子、植被有机残体和泥沙等物质的能力，对洪泛区湿地的形成以及演变至关重要。洪水强度、持续时间、洪水的发生频率以及洪水携带的泥沙量是影响洪泛湿地的四个重要因素。通常洪水越强，持续时间越长，发生频率越大，其对河床和岸边的冲刷能力越大，所携带的沉积物也就越多，反之，则越少。此外，湿地强大的滞留洪水的功能也是影响洪水中沉积物在湿地沉积过程的一个重要因素。张敏和孟令钦（2001）研究当洪水携带大量沉积物流经湿地，特别是沼泽地和洪泛湿地的时候，受到湿地的滞留作用，这些沉积物会得到沉降和滞留，可改善湿地土壤质量。三江平原地势低平，洪水容易泛滥，当洪水进入湿地之后，由于平原地区纵比降小和湿地的滞留作用，洪水携带的大量物质在湿地中得到沉降，直接影响湿地的物质组成和促进湿地演变。

二、洪水促进湿地系统的水循环

洪水是洪泛湿地的重要水源。当洪水发生时，河道中水位过高的水流会进入洪泛区，对湿地水资源进行补给，增加湿地的水面面积，增加了洪泛湿地与河流的水力联系，同时也会增加斑块间的水力连通性，创造出更多适宜动植物生存的环境。李慧颖等（2015）研究表明，2013 年夏季，黑龙江省三江平原北部发生洪水后，研究区水体和沼泽面积分别增加为 32483.5hm² 和 30653.9hm²。刘正茂 等（2008）的研究也表明在春汛和夏汛期间，三江平原的三环泡滞洪区湿地水深均会增加，分别达 25cm 和 30cm，同时湿地面积也大幅度增加。这些均体现了洪水作为扰动湿地的重要营力，直接促进湿地水循环过程。

三、洪水促进洪泛区湿地景观修复

洪水是促进退化洪泛湿地景观修复的重要控制因素之一。无论从湿地的结构还是湿地功能的修复，都依赖于河流与洪泛湿地之间的水力联系。只有当洪水发生时这种联系往往更为密切。2013 年大洪水过后，黑龙江省三江平原北部沼泽湿地斑块面积、斑块类型面积占景观面积的比例和最大斑块指数都大幅增加，斑块数和斑块密度指数减小，沼泽湿地面积显著增加，湿地斑块连通性加强，湿地景观破碎度下降（李慧颖 等，2015）。

四、洪水对湿地植被的影响

由于受到生长环境的特殊性，湿地植被经常会受到洪水脉冲的长期或者周期的影响。洪水会改变湿地植被的物种组成和结构，这主要是由于洪水发生时，水淹条件下植物根茎处于缺氧条件下，呼吸作用无法正常进行，同时土壤中厌氧细菌活动加剧，产生如有机酸、芳香族化合物等对植被根茎有害的物质，导致大多数植被将丧失正常生理活动。湿地植被为了适应洪水的不利影响，形成了一些特殊的生存策略。很多湿地植被改变生命周期避免洪水的直接伤害，在短时间内迅速生长、开花和结果，在洪水到来之前完成一个生长周期，依靠种子躲避洪水的直接伤害，如莎草科的棕红薹草；很多植被也可以通过改变种子的形态和资源分配比（如减少种子质量，调整种子大小，休眠和提高漂浮性等）来适应的洪水的不利影响，同时达到种子扩散和传播的目的；有些植被通过改变繁殖方式适应洪水影响，由于洪水没有绝对的规律性，发生时间常常受到气候的影响，因此植被有性繁殖的某个阶段往往会受到洪水的干扰，无法完成正常生存和繁殖的目的，因此，常以无性繁殖方式达到有利于物种生存和繁衍的目的，如疏花雀麦；还有些植被在洪水发生后可以调整水上部分的形态特征，如增加叶片数量或叶面积提高光合作用效率等以适应洪水影响；有些植被通过调整根部分布和形态以适应洪水影响等等（罗文泊 等，2007）。

五、洪水对湿地土壤的影响

由于洪水的干扰作用，洪泛湿地随着的洪水的涨幅，面积有所增缓，此时湿地土壤处于干湿交替变化之中，不同的洪水的营力不同，所携带物质组成也有差异，导致湿地土壤类型也有所分别。洪水在脉冲过程中会携带大量泥沙，同时也夹杂大量营养元素，在湿地滞留作用的影响下，洪水水流变缓，大量物质沉积，使洪泛湿地营养元素含量极其丰富。洪水对洪泛湿地土壤也具有淋洗作用从而达到脱盐的目的，如 1998 年大洪水，使嫩江下游盐碱湿地土壤得到明显改善，植物生长表现明显高于洪水之前。

六、湿地对洪水的调蓄作用

不但洪水对湿地生态系统有重要影响，反之，湿地对洪水也具有调蓄和削峰作用。三江平原湿地的土壤最上层一般具有草根盘结层，即由活的或者已经死亡但未分解的沼泽植物根、茎残体组成，厚度在疏干时为 10~30cm，蓄水时可达 50~60cm；在草根层下方是泥炭层。草根层和泥炭层具有巨大的蓄水和存水能力。湿地的蓄水能力与土壤容重、孔隙度、植物残体组成和有机质含量而异。蓄水量与容重呈负相关，与孔隙度呈正相关。容重越小，孔隙度越大，蓄水量越大。据相关研究表明，三江平原湿地土壤最大蓄水量可达 46.97 亿 m^3（刘兴土，2007）。

　　由于湿地的巨大蓄水能力，使得湿地具有巨大的调蓄洪水的功能。具体体现在两个方面：一是减少一次降水对河川径流补给量，使汇流时间延长；二是降低洪峰，使当年来水不能在当年完全流出。洪水被储存于湿地土壤中或以地表水形式滞留在沼泽湿地中，减缓了洪水流速和下游洪水压力。

　　挠力河流域是三江平原湿地集中分布的典型区域，上游宝清水文站与中游菜嘴子站之间发育大面积沼泽湿地，湿地率达 32.7%。根据刘兴土（2007）的研究在 1956 年至 2000 年的洪峰流量实测序列中，有 26 年下游菜嘴子站的洪峰流量小于上游宝清站，表明有大量洪水在河滩沼泽中漫散和蓄存。根据刘正茂等（2008）的研究，仅挠力河中游的三环泡湿地对洪水的滞洪库容就可达 2.43 亿 m^3。因此，如何利用湿地的调蓄功能减少洪水带来的损失，并发挥湿地的生态效益是目前重点研究方向。

参考文献

冯波，章光新，李峰平. 松花江流域季节性气象干旱特征及风险区划研究[J].地理科学，2016，36(03):466-474.

姚玉璧，张存杰，邓振镛，等. 气象、农业干旱指标综述[J]. 干旱地区农业研究，2007，25(1):185-189.

Vicente-Serrano S M，Beguería S，López-Moreno J I.A multiscalar drought index sensitive to global warming: the standardized precipitation evapotranspiration index[J].Journal of Climate，2010，23(7):1696-1718.

沈国强，郑海峰，雷振锋. SPEI 指数在中国东北地区干旱研究中的适用性分析[J].生态学报，2017，37(11):3787-3795.

Dai A.Drought under global warming: a review[J].Wiley Interdisciplinary Reviews:Climate Change，2011，2(1):45-65.

Fleig A K，Tallaksen L M，Hisdal H，et al.A global evaluation of streamflow drought characteristics[J].Hydrology and Earth System Sciences，2006，10(4):535-552.

Heim R R J. A Review of Twentieth-Century Drought Indices Used in the United States[J]. Bulletin of the American Meteorological Society，2002，83(8):1149-1165.

Shokoohi A，Morovati R. Basinwide Comparison of RDI and SPI Within an IWRM Framework[J]. Water Resources Management，2015，29(6):2011-2026.

Belousova，A.P. Risk assessment of underflooding of areas by groundwater during floods. Water Resour. Regime Water Bodies 2011，38:30-38.

Doble R C，Crosbie R S，Smerdon，B D. Aquifer recharge from overbank floods. In Conceptual and Modeling Studies of Integrated Groundwater，Surface Water and Ecological Systems，Proceedings of Symposium H01 Held during the IUGG GA in Melbourne，Melbourne，Australia，28 June-7 July 2011；IAHS Publication: Wallingford，Oxfordshire，UK，2011，345: 169-174.

TAYLOR R G，TODD M C，KONGOLA L. Evidence of the dependence of groundwater resources on extreme rainfall in East Africa [J]. Nature Climate Change，2013，3(4): 374-378.

WANG X，ZHANG G，XU Y J. Impacts of the 2013 Extreme Flood in Northeast China on Regional Groundwater Depth and Quality [J]. Water，2015，7(8): 4575-4592.

曹振宇，曹越，吴明官. 黑龙江中下游 2013 年特大洪水重现期分析[J]. 黑龙江水利科技，2014:56-59.

卢晓宁，邓伟.洪水对湿地系统的作用[J]. 湿地科学，2005（02）：136-142.

国家林业局《湿地公约》履约办公室. 湿地公约履约指南[M]. 北京:中国林业出版社,2001.

李慧颖，李晓燕，贾明明，等. 2013 年三江平原北部洪水对沼泽湿地景观的影响 [J]. 湿地科学，2015，13(03): 344-349.

罗文泊，谢永宏，宋凤斌. 洪水条件下湿地植物的生存策略[J]. 生态学杂志，2007,36(9): 1478-1485.

刘兴土. 三江平原沼泽湿地的蓄水与调洪功能[J]. 湿地科学，2007(01): 64-68.

刘正茂，姜明，佟守正. 三环泡滞洪区的水文功能研究[J]. 湿地科学，2008(02): 242-248.

那济海，潘华盛.2013 年黑龙江省"三江"大洪水发生特点及启示[J]. 黑龙江气象，2013，30:1-2

王春雷.2013 年黑龙江大洪水初步分析[J]. 黑龙江水利科技，2016，44: 68-73.

王喜华. 三江平原地下水-地表水联合模拟与调控研究[D]. 长春: 中国科学院东北地理与农业生态研究所，2015.

张敏，孟令钦. 松花江流域洪水与生态环境关系[J]. 东北水利水电，2001(06): 40-43.

第五章　三江平原地下水-地表水转化关系

深入认识和理解地下水-地表水交互作用过程及转化机制在生态环境保护、水资源综合管理和应对气候变化等领域都具有重要意义。三江平原是我国重要的以地下水为主要灌溉水源的农业区，因此，弄清地下水与地表水的转化关系，不仅可为三江平原地下水-地表水联合模拟模型构建与运行提供支撑，也可为重要农业区水资源综合高效利用、破解地下水位持续下降的难题提供参考。本章依据水化学相似原理，采用聚类分析法（Hierarchical Cluster Analysis，HCA）和主成分分析法（Principal component analysis，PCA）对三江平原空间取样点水样进行空间分类和主成分分析，同时结合地下水流场和 Box-Whisker 图揭示地下水-地表水的转化关系。

第一节　水样采集与分析

一、采样点的布设

为了能更好地研究三江平原地下水-地表水的转化关系，地表水采样点主要按照《地表水和污水监测技术规范》（HJ/T 91—2002）进行布设。地下水按照与地表水就近原则进行采样，同时兼顾地表水采样点的周边机井、民井的信息采集。采样时间分别于 2011 年 10月和 2012 年 11 月，每次共采集水样品 102 个，其中浅层地下水样品 60 组，深层地下水样品 7 组以及地表水样品 35 组，采样点空间位置见图 5-1。

二、水质分析

对 102 个水样进行了水化学的测试，测试项目包括 K^+、Ca^{2+}、Na^+、Mg^{2+}、CO_3^{2-}、HCO_3^-、SO_4^{2-}、Cl^-、氮、总磷、pH 值、EC、TDS、电压、浊度等。在每一个采样点上，现场利用便捷式水质仪进行测试 pH 值、TDS、温度、电导率（Ec）和电压。利用水质分析仪 NOVER 400 和 TR 320 对水化学离子进行室内分析，包括 K^+、Ca^{2+}、Na^+、Mg^{2+}、CO_3^{2-}、HCO_3^-、SO_4^{2-}、Cl^-、Fe^{2+}、PO_4^{3-}、NO_3^- 和 NO_2^- 等。

三、数据分析方法

对已获得水化学数据要经过电荷平衡法进行检验(CBE) (Freeze and Cherry，1979)：

$$CBE = \frac{\sum vm_c - \sum vm_a}{\sum vm_c + \sum vm_a} \times 100\% \tag{5-1}$$

式中：v 为离子电价；m_c 为阳离子的摩尔浓度；m_a 为阴离子的摩尔浓度。CBE 值是利用八大离子的平均值计算每一个采样点，同时，当 CBE 值为-10%～+10%时可以认为是符合点和平衡要求的。

　　根据电荷平衡原理对 102 组水样进行电荷平衡法检测，结果显示其中 5 组水样点不符合要求并进行剔除，所以采用剩余的 97 组水样进行研究。

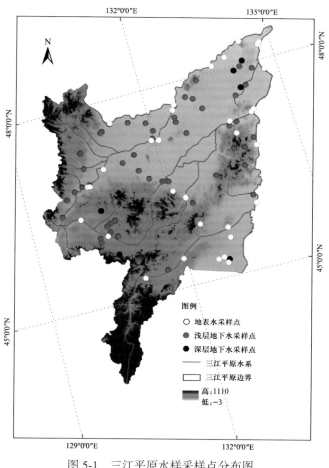

图 5-1　三江平原水样采样点分布图

第二节　地下水–地表水转化关系识别及分区

　　为了获取更多三江平原地表水和地下水的化学信息，将离子比值图、Box-Whisker 图和聚类分析法（HCA）结合起来进行研究。根据 HCA 分析方法将三江平原 95 组水样分成3 大类、7 小类（图 5-2）。这 7 小类中的 TDS 浓度、Ec、NO_3 以及 K/Na 值都有很大的不同。浅层地下水样中有 23.2% 的水样被分配到 A1 类中，有 12.5% 和 14.3% 被分配到 A2 和B1；25% 被分配到 B2 类，12.5% 和 12.5%，7% 分别被分配到 C1 和 C3 组。深层地下水样中有 28.6% 被分配到 A1，14.3% 分别被分配到 A2 类，B1 类，B2 类，C1 类和 C2 类；地表水样中有 32.6 % 被分配到 A1 类，20.5% 被分配到 A2 类，11.6% 被分配到 B2 类，14.7%被分配到 C1 类，5.9% 被分配到 C2 类，14.7% 被分配到 C3 类（表 5-1）。

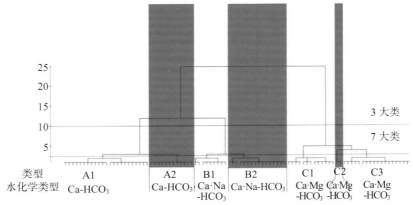

图 5-2　三江平原水化学聚类分析的树状图

一、A 类

分配到 A 类中的水样都具有较高的 K^+/Na^+ 和 HCO_3^-/Cl^- 比值（图 5-4 和表 5-1）。这表明这些采样点的地下水及地表水在水环境演化过程中以稀释作用为主导；其中 A1 类中包括 13 个浅层地下水样，2 个深层地下水样和 11 个地表水样，而这些水样采样点都是具有较低浓度的 PO_4（表 5-1）。同时，其中 A2 类中包括 8 个浅层地下水样，1 个深层地下水样和 2 个地表水样。这些水样采集点处具有高的 K、Na 浓度以及 HCO_3/K 值，而这说明了这些采样点的地表植物残体伴随着灌溉和降雨入渗到地下水，这也表明该区地表水及地下水在水环境演化过程中是以离子溶滤作用为主导地位。

二、B 类

分配到 B 类中的水样都具有最高的 TDS、Ec 浓度以及 K^+/Na^+ 和 Ca^{2+}/Na^+ 值（图 5-4 和图 5-5）。这表明这些水样点的地表水及地下水比其他的分类中的水样有更长时间的滞留以至于在水环境演化过程中主要以离子浓缩作用为主导；其中 B1 类中包括 8 个浅层地下水样、1 个深层地下水样和 11 个地表水样，而这些水样采样点都具有较高浓度的 TDS、SO_4^{2-}、Mg^{2+}、Ca^{2+}、PO_4^{3-} 和 Ec 浓度，但是 NO_3^- 浓度较低（表 5-1）。同时，其中 B2 类中包括 14 个浅层地下水样、1 个深层地下水样和 1 个地表水样。这些水样采集点处具有高的 TDS、SO_4^{2-}、Mg^{2+}、Ca^{2+}、PO_4^{3-}、Ec、K^+、Na^+ 和 HCO_3^- 浓度和最低浓度的 NO_3^-。

表 5-1　HCA 中 7 种分类的化学离子平均值

分类	A1	A2	B1	B2	C1	C2	C3
GS/%	13(23.2)	7(12.5)	8(14.3)	14(25.0)	7(12.5)	0(0.0)	7(12.5)
GD/%	2(28.6)	1(14.3)	1(14.3)	1(14.3)	1(14.3)	0(0.0)	1(14.3)
SU/%	11(32.6)	7(20.5)	0(0.0)	4(11.6)	5(14.7)	2(5.9)	5(14.7)
TDS/(mg/L)	119.2	158.8	590.2	326	127.6	61.5	85.6
pH 值	6.5	7.2	7.2	7.5	6.7	7.0	6.7
Ec/(μs/cm)	225.4	310.8	928	578	256.8	122.8	171.3
$HCO_3^-/(mg/L)$	9.2	56.9	128	121.2	195.2	184	83.5

续表

分类	A1	A2	B1	B2	C1	C2	C3
SO_4^{2-}/(g/L)	2.9	5.2	8.7	2.3	14.2	21.9	29.1
Cl^-/(mg/L)	9.9	8.7	11.4	19.9	6.6	20.2	35.7
Ca^{2+}/(g/L)	13.2	13.4	21.6	11.2	38.8	73.7	97.0
Mg^{2+}/(g/L)	4.4	9.4	14.0	3.9	19.3	22.7	34.8
Na^+/(mg/L)	99	199.2	248.1	270.7	343.9	385.6	217.7
K^+/(mg/L)	14.4	35.8	46.5	35.3	74.9	81.6	50.0
NO_3^-/(mg/L)	10.1	8.4	6.0	5.3	4.0	4.1	3.7
PO_4^{3-}/(g/L)	0.02	0.02	0.02	0.13	0.02	0.02	0.03

三、C 类

分配到 C 类中的水样都具有较低的 TDS 和 EC 浓度以及 K^+/Na^+、Ca^{2+}/Na^+ 和 HCO_3^-/Cl^-值，这表明这些采样点的地表水及地下水在水环境演化过程中主要以稀释作用占主导，同时还有较高浓度的 NO_3^- 说明这些采样点的地下水接受了大量的地表灌溉水以及降水的补给(图 5-4 和 图 5-5)；其中 C1 类中包括 7 个浅层地下水样，1 个深层地下水样和 5 个地表水样(表 5-1)，而这些水样采样点都是具有较高浓度的 K^+ 和 Na^+浓度，但是具有较低浓度的 pH 值 (表 5-1)。同时，其中 C2 类具有最高的 TDS、SO_4^{2-}、Mg^{2+}、Ca^{2+}、PO_4^{3-}、K^+、Na^+、pH 值和 HCO_3^-浓度，但是具有最低的 NO_3^-浓度(表 5-1)。C2 类中包括 6 个浅层地下水样，1 个深层地下水样和 13 个地表水样(表 5-1)。这些水样采集点处具有高的 TDS、SO_4^{2-}、Mg^{2+}、Ca^{2+}、PO_4^{3-}和 Ec 浓度，但是具有较低的 pH 值、NO_3^- 和 HCO_3^- 浓度(表 5-1)。

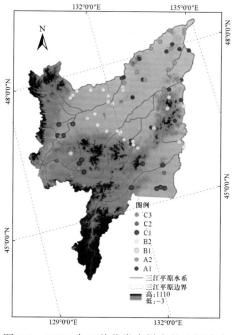

图 5-3　HCA 中 7 种分类水样点的空间分布

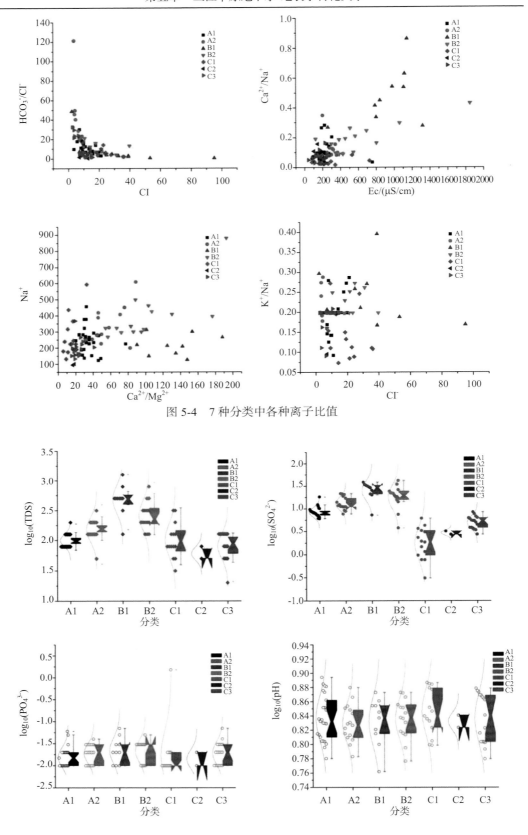

图 5-4 7 种分类中各种离子比值

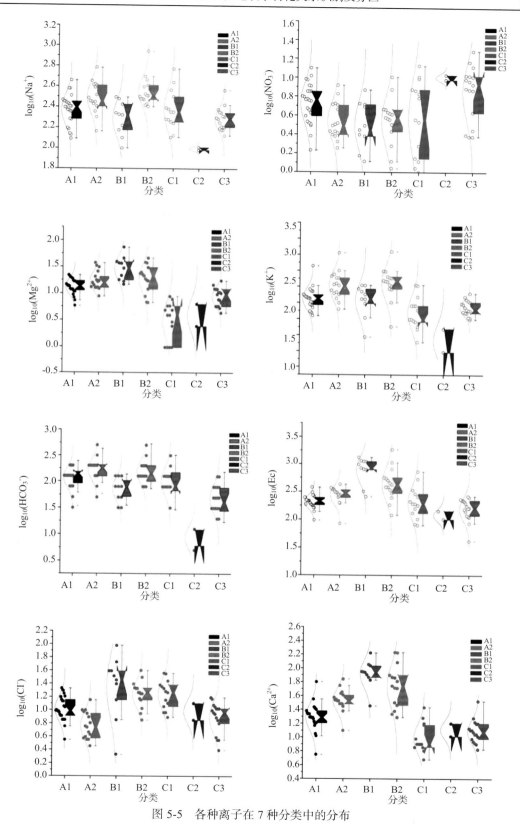

图 5-5　各种离子在 7 种分类中的分布

表 5-2　主成分权重和四种主成分的解释方差百分比

主成分	主成分 1	主成分 2	主成分 3	主成分 4
$\log_{10}(SO_4^{2-})$	0.928	0.213	0.005	0.045
$\log_{10}(Ca^{2+})$	0.872	0.169	0.017	0.242
$\log_{10}(Mg^{2+})$	0.788	0.255	−0.002	−0.064
$\log_{10}(Ec)$	0.621	0.048	−0.183	0.428
$\log_{10}(HCO_3^-)$	0.135	0.899	−0.095	0.053
$\log_{10}(Na^+)$	0.200	0.888	−0.010	0.118
$\log_{10}(K^+)$	0.539	0.751	−0.035	0.008
$\log_{10}(Fe^{3+})$	0.116	−0.142	0.816	−0.097
$\log_{10}(PO_4^{3-})$	−0.185	0.064	0.813	0.192
$\log_{10}(Cl^-)$	0.151	−0.011	0.240	0.788
$\log_{10}(NO_3^-)$	−0.063	−0.364	0.388	−0.573
解释方差/%	27.8	32.3	14.4	11.5
累计方差/%	27.8	60.1	74.5	85.9

主成分 1 解释了 27.8%的总体的变量（表 5-2），其中 SO_4^{2-}、Mg^{2+}和 Ca^{2+}离子的得分最高（表 5-2），表征石膏矿物溶解与演化环境。

主成分 2 解释了 22.3%的总体的变量（表 5-2），其中 HCO_3^-、K^+和 Na^+离子的得分最高（表 5-2）。但是与 Fe^{2+}和 NO_3^-有负相关性，表征长石矿物溶解与演化环境。

主成分 3 解释了 14.4%的总体的变量（表 5-2），其中 Fe^{2+}和 PO_4^{3-}离子的得分最高（表 5-2），但是与 Mg^{2+}有负相关性，表征原生地质环境，但是人类活动正在逐渐改变原生的地质环境。

主成分 4 解释了 11.5%的总体的变量（表 5-2），其中 Cl^-离子的得分最高(表 5-2)。但是与 NO_3^-有负相关性。最后，这四种离子组分共同解释了整体数据的 85.9%，所以这些成分具有很好的代表性（表 5-2），表征处于沉积岩溶解环境。

分配到 B1，B2 和 A2 中的水样对于主成分 1 和主成分 2 展现了负荷载，这意味着这些水样点的地表水及地下水处于缺氧环境；相反，归类到 C1、 C2、 C3 以及 A1 中的大部分水样对于主成分 1 和主成分 2 展现了正荷载。这意味着这些水样点的地表水及地下水处于低溶解性环境。此外，TDS 与氧化还原条件呈反比例关系，高矿化度伴随着缺乏 HCO_3^-（图 5-6）。

根据聚类分析的结果，从西南到东北将三江平原水样采集点所在的位置被分成 3 部分：上游、中游分以及下游。对于上游，地表水样中分配到 A1 和 A2 类中的属于 Ca-HCO3 型以及低矿化度水。地下水同样属于典型的 Ca-HCO3 型以及低矿化度水，但是 A 类中的所有水样都具有较低的 K^+/ Na^+ 和 HCO_3^-/ Cl^-比值，说明这些区域所处的水化学环境以稀释作用为主导。同时，此处的浅层地下水埋深为 3 ~ 12m，岩性为中砂以及细砂，具有较高的渗透系数（20 ~ 25 m/d）（Wang 等，2014）这说明此处的地表水和地下水有着很强的水力联系。同时，此处的地下水位在 2011 年到 2013 年间降水相似的情况下呈现轻微的下降趋势（图 5-7），由此可得出此处的地表水的接受大量的地下水的补给作用（Wang 等，2015）

（图 5-8）；对于中游部分，地表水样中分配到 B1 和 B2 类中的属于 Ca Na-HCO$_3$ 型以及相对较高矿化度水。地下水同样属于典型的 Ca Na-HCO$_3$ 型以及高矿化度水。同时，最高浓度的 TDS、Ec、K$^+$/Na$^+$和 Ca^{2+}/Na$^+$ 都集中在中游部分（图 5-4 和图 5-5），这说明该处地表水与地下水比其他类的水具有更长的滞留时间以至于浓缩作用占主导地位(King 等.2014)。而且，此处的较低的 pH 和 NO$_3^-$浓度也说明了降水和灌溉入渗对此处的地下水的水质影响较小，浅层地下水埋深为 15～30m，岩性为细砂及黏土，具有较低的渗透系数（10～15 m/d）(Wang 等，2014)，同时此处的地下水位在 2011 年到 2013 年间降水相似的情况下呈现轻微的上升趋势（图 5-7），这说明此处的地表水及地下水有着很弱的水力联系（Daughney 等，2005）。此外，曹莹洁（2012）在研究三江平原地下水年龄中也有类似的发现，此处的地下水年龄比其他部分要大很多。由此可得出此处的地表水与地下水相互转换频繁（Wang 等，2015）（图 5-8）。

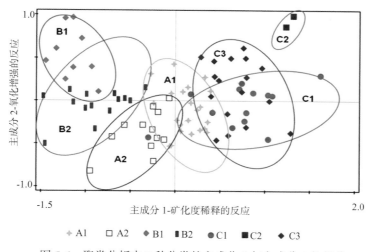

图 5-6　聚类分析中 7 种分类的主成分 1 与主成分 2 的得分

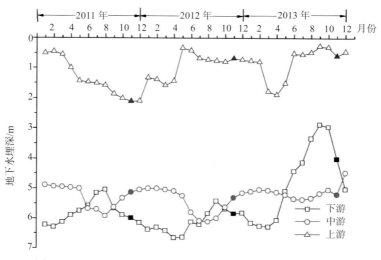

图 5-7　2011—2013 年三江平原不同区域地下水位变化

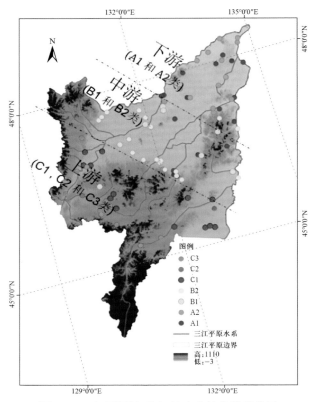

图 5-8   三江平原地下水-地表水转化关系分区

对于下游，地表水样中被分配到 A1 和 A2 类中的属于 Ca· Mg-HCO$_3$ 型以及低矿化度水。地下水同样属于典型的 Ca· Mg-HCO$_3$ 型以及低矿化度水。但是，此处的 TDS，EC，K$^+$/ Na$^+$，Ca/Na 和 HCO$_3^-$/Cl$^-$ 都明显低于上游及中游部分。而且，此处较高的 NO$_3^-$ 也说明地下水接受了地表灌溉水以及降雨的补给（图 5-4 和图 5-5）。同时，此处的浅层地下水埋深为 3～12m，岩性为中砂以及砾石，具有较高的渗透系数（25～30 m/d）（Wang 等，2014），这说明此处的地表水及地下水有着很强的水力联系。同时曹莹洁等（2012）发现此处的地下水中 NO$_3^-$浓度明显高于地表水，主要是来自于地表水的入渗以及人畜粪便污染，加上此处的地下水位从 2011 年到 2013 年间降雨相似的情况下呈现轻微的上升趋势（图 5-7），由此可得出此处的地下水接受大量的地表水及降雨的补给作用（Wang 等，2015）（图 5-8）。

参考文献

Cao Y，Tang C，Song X，Liu C，Zhang Y. Characteristics of nitratein major rivers and aquifers of the Sanjiang Plain，China [J]. Journal of environmental monitoring，2012，14 (10): 2624-2633.

Daughney C J，Reeves R R. Definition of hydrochemical facies in the New Zealand national groundwater monitoring programme [J]. Journal of Hydrology (New Zealand)，2005，45(2): 41-62.

King A C, Raiber M, Cox M E. Multivariate statistical analysis of hydrochemical data to assess alluvial aquifer–stream connectivity during drought and flood: Cressbrook Creek, southeast Queensland, Australia [J]. Hydrogeology Journal, 2014, 22(2): 481-500.

Xihua Wang, Guangxin Zhang, Y.Jun Xu. Spatiotemporal groundwater recharge estimation for the largest rice production region in Sanjiang Plain, Northeast China [J]. Journal of Water Supply: Research and Technology, 2014, 63: 630-641.

Xihua Wang, Guangxin Zhang, Y. Jun Xu. Identifying the regional-scale groundwater-surface water interaction on the Sanjiang Plain, Northeast China [J]. Enironmental Science and Pollution Research, 2015, 22: 16951-16961.

Xihua Wang, Guangxin Zhang, Y. Jun Xu. Defining an ecologically ideal shallow groundwater depth for regional sustainable management: Conceptual development and Case study on the Sanjiang Plain, Northeast China [J]. Water, 2015, 7: 3997-4025.

第六章　三江平原水资源可利用量计算

　　某一地区的水资源可利用量主要包括该地区地表水可利用量以及地下水可开采量。研究确定某一地区水资源可利用量对于制定该区域水资源合理开发利用政策以及水资源保护都具有重要实际意义和理论意义。地表水资源可利用量是指在充分考虑生态环境用水以及河道基流需水以及排沙需水等前提下可利用的最大水量。地下水可开采量是指在经济合理，技术可行且利用后不会造成地下水位持续下降、水质恶化、海水入侵、地面沉降等环境地质问题和不对生态环境造成不良影响的情况下，允许从地下含水层中取出的最大水量。地下水可开采量的计算及其空间分布对于合理的制定地下水开采方案以及生态安全都具有重要的意义。本章利用三江平原多年平均地表水资源量与多年平均河道内最小生态环境需水量之差来求解地表水可利用量；采用水均衡法以及开采系数法对地下水可开采量进行计算，为三江平原地下水-地表水联合模拟与可持续利用提供支撑。

第一节　地表水资源可利用量计算

　　多年平均地表水资源可利用量一般是多年平均地表水资源量与多年平均河道内最小生态环境需水量之差来求解（王建生 等，2006）。可用表示为

$$\Delta Q_c = Q_t - Q_e \tag{6-1}$$

其中：ΔQ_c 为地表水可利用量，m^3；Q_t 为研究区总的地表水资源量，m^3；Q_e 为河道内最小的生态环境需水量，m^3。

　　一般的河道生态需水量主要包括维持河道基本功能的需水量以及湖泊湿地等生态环境需水量。维持河道基本功能需水量主要包括河道基流量、冲沙水量和水生生物保护需水量。一般河道基流量的常用估算方法主要是以多年平均径流量的百分数（一般取 10%~20%）作为河流最小生态环境需水量；水生生物保护需水量一般认为不应低于河道多年平均径流量的 30%（王建生 等，2006）。本书中主要采用多年平均径流量 20%作为河流最小生态环境需水量，水生生物保护需水量采用河道多年平均径流量的 40%，冲砂量采用多年平均径流量的 9%来计算。

　　从表 6-1 可以看出，研究区内地表水资源总量为 153.35 亿 m^3，其中松花江、挠力河与倭肯河分别为：69.19 亿 m^3、34.92 亿 m^3 与 49.24 亿 m^3，扣除河道生态需水量，最后三江平原地表水资源可利用量为 47.14 亿 m^3。将为研究区地表水资源的开采与调控提供重要依据。

表 6-1　三江平原地表水资源可利用量

河流	多年平均径流总量/亿 m^3	河道基本功能需水量/亿 m^3			水资源可利用量/亿 m^3
		基流量	冲砂量	水生生物需水量	
松花江	69.19	13.84	6.57	27.68	21.10
挠力河	34.92	6.98	3.14	13.97	10.83

续表

河流	多年平均径流总量/亿 m³	河道基本功能需水量/亿 m³			水资源可利用量/亿 m³
		基流量	冲砂量	水生生物需水量	
倭肯河	49.24	9.85	4.48	19.70	15.21
总计	153.35	30.67	14.20	61.34	47.14

第二节　地下水资源可开采量计算

一、地下水资源评价原则及均衡区的划分

（一）地下水资源评价原则

地下水资源评价原则如下：

（1）主要评价目标层为第四系松散岩层孔隙水潜水以及孔隙裂隙承压水。

（2）以水均衡计算方法为基础，计算地下水各项的补给量、排泄量和含水层储存量的变化量。

（3）为实现研究区水资源的可持续利用以及生态环境与社会发展相协调，计算地下水可开采量。

（4）计算方法以水量平衡法为主，同时结合数理统计方法、水力学方法和经典的经验公式法。

（二）地下水均衡区的划分

根据研究区的地形地貌特征以及河流所属级别，将研究区划分为 3 个一级区，6 个二级区，13 个三级区（图 6-1）。根据资料情况，本次选择 2008 年到 2012 年平均地下水补给量和排泄量进行地下水均衡计算。

图 6-1　三江平原地下水资源均衡计算分区

二、计算参数确定

根据《水文地质基础手册》（第 2 版）中给出的相关参数，并参照有关地下水资源计算所采用的参数以及当地实测资料的获取，结合参数分区最终确定三江平原给水度、降水入渗系数、含水层渗透系数、水力坡度、渠系入渗系数、灌溉田间渗漏补给系数等水文地质参数范围值（表 6-2）。

表 6-2　主要水文地质参数取值范围

参　数	黏土	粉土	中细砂	砂砾石	砂岩	玄武岩	沉积岩	岩浆岩
给水度	0.02~0.05	0.05~0.10	0.06~0.20	0.12~0.25	0.04~0.10	0.05~0.08	0.03~0.10	0.01~0.03
降水入渗系数	0.08~0.15	0.12~0.18	0.15~0.22	0.18~0.25	0.05~0.10	0.08~0.15	0.05~0.08	0.03~0.08
渗透系数	0.05~0.5	0.5~3.0	3.0~20.0	20~100	0.1~2.0	0.3~5.0	0.10~0.5	0.01~0.30
潜水蒸发系数	0.02~0.04	0.02~0.06	0.02~0.06	0.02~0.06	0~0.02	0~0.02	0~0.02	0~0.02
渠系入渗系数	0.08~0.15	0.12~0.18	0.15~0.22					
灌溉补给系数	0.08~0.12	0.12~0.18	0.15~0.20					

三、地下水资源计算与评价

（一）地下水均衡方程及均衡要素

根据质量守恒定律，某一均衡区内在时段 Δt 内的时段水量均衡方程为

$$\Delta Q = Q_{补给} - Q_{排泄} \tag{6-2}$$

式中：ΔQ 为 Δt 内地下水系统的水量变化量；$Q_{补给}$ 为 Δt 内地下水系统的补给量；$Q_{排泄}$ 为 Δt 内地下水系统的排泄量。研究区均衡要素见表 6-3。

表 6-3　地下水均衡要素

补给项	1 降水入渗补给量 $Q_{降水入渗}$	排泄项	1 潜水蒸发量 $Q_{蒸发}$
	2 侧向流入补给量 $Q_{侧向流入}$		2 侧向流出量 $Q_{侧向流出}$
	3 地表水渗漏补给量 $Q_{河道渗漏+湿地入渗补给}$		3 人工开采量 $Q_{开采}$
	4 井灌回归补给量 $Q_{井灌回渗}$		4 渠道排泄量 $Q_{渠道排泄}$
	5 灌溉回渗补给量 $Q_{灌溉回渗}$		5 河道排泄量 $Q_{河道排泄}$

地下水储存量变化量 Q

（二）地下水补给量计算方法

地下水总补给量包括降水入渗补给量、河道渗漏补给量、侧向径流补给量、灌溉渗漏补给量和井灌回渗补给量，总补给量中扣除井灌回渗补给量为地下水资源量。

1. 降水入渗补给量

降水入渗补给量是指大气降水入渗到包气带中，并在重力的作用下渗透补给地下水的水量，主要按下列公式计算：

$$Q_{降水入渗} = F \cdot \alpha \cdot P \tag{6-3}$$

式中：$Q_{降水入渗}$为大气降水年渗入量，m^3/a；F 为大气降水渗入面积，应扣除大中型水库水面面积，m^2；α为多年平均降水渗入系数；P 为多年平均年降水量，m/a。本研究中降水量采用三江平原 8 个典型的气象站从 1951—2012 年逐月降水量资料进行计算。降水入渗系数见表 6-2。

2. 地下水侧向流入补给量

地下水侧向流入量，即山丘区地下水侧向补给平原区松散层地下水的水量，其计算公式为

$$Q_{侧向流入} = KIBMT \tag{6-4}$$

式中：$Q_{lateral}$为地下水径流流入量，m^3/a；K 为含水层平均渗透系数，m/d；I 为地下水水力坡度；B 为垂直地下水流向的计算断面宽度，m；M 为天然情况下，潜水或承压水含水层厚度，m；T 为地下水径流补给时间，d/a。

3. 河流及湿地补给

针对研究区的河流及湿地对地下水的补给作用进行计算，计算方法采用达西定律：

$$Q = K(h_{sw} - h_{gw}) \tag{6-5}$$

式中：Q 为地下水与地表水交换量，m^3/a；h_{sw}为地表水水位，m；h_{gw}为地下水位，m；K 为渗透系数，m/d，渗透系数主要参照表 6-2。

4. 灌溉渗漏补给量

研究区内大量引用地表水进行灌溉，产生渠道渗漏补给量和灌溉渗漏补给量。渠道渗漏补给量和灌溉田间渗漏补给量均可采用系数法计算，计算公式类似。

灌溉渗漏补给是指灌溉水进入田间后，经包气带渗入地下水的水量，按下列公式计算：

$$Q_{灌溉回渗量} = \beta Q_{灌溉量} \tag{6-6}$$

式中：$Q_{灌溉回渗量}$为灌溉田间渗入量，m^3/a；$Q_{灌溉量}$为渠灌进入田间的水量，m^3/a；β为灌溉田间渗入系数，数值的选取参照表 6-2。

地下水分区总补给量结果见表 6-4。

5. 井灌回归补给量

采用渗漏补给系数法计算，计算结果见表 6-4。

6. 地下水总补给量和地下水资源量

地下水总补给量为上述各项补给量之和，总补给量中扣除地下水灌溉回归量即为研究区到地下水资源量。计算结果见表 6-4。

（三）地下水排泄量计算

地下水排泄是水文循环中重要的环节，地下水排泄量主要包括潜水蒸发量、人工渠道排泄量、河道排泄量、侧向流出量和人工开采量。

1. 潜水蒸发量

潜水蒸发量可采用系数或潜水蒸发经验公式法确定，即

$$Q_{侧向流入} = \varepsilon_0 \left(1 - h/h_{max}\right)^n F \tag{6-7}$$

式中：n 为指数，其变化范围为 $1 \leq n \leq 3$，这里取 $n=2$；h 为潜水水位埋深，m；h_{max}为潜水蒸发极限埋深，m，通常 $1 \leq h_{max} \leq 4$，此处取 4；ε_0为水面蒸发量，m。计算结果见表 6-5。

表6-4　地下水分区总补给量成果

单位：万 m³/a

一级区	二级区	三级区	所属地市	降雨入渗量	地下水侧向流入补给量	渠道渗漏补给量	灌溉渗漏补给量	井灌回归量	河流补给量	湿地补给量	地下水总补给量
松花江	牡丹江	莲花水库以下	哈尔滨市	3895.6	740.7	698.4	429.9	246.5	0	2787.2	8798.3
			小计	3895.6	740.7	698.4	429.9	246.4	0	2787.2	7010.9
	通河至佳木斯干流区间	倭肯河	哈尔滨市	4305.8	267.8	918.2	495	258.8	0	2012.2	8257.8
			佳木斯市	7431	568.8	1282.1	694.8	448.7	0	3250.9	13676.3
			七台河市	5797.7	317.5	501.3	571.6	434.9	0	2930.2	10553.2
			小计	26823.1	1154.1	2701.6	1761.4	1142.4	0	8193.3	32487.3
		汤旺河	佳木斯市	1375.2	0	437	227.1	259.1	0	0	2298.4
			小计	1375.2	0	437	227.1	259.1	0	0	2298.4
		通河至依兰区间	哈尔滨市	109707	202.9	225.8	653.8	244.6	0	0	111034.1
			小计	109707	202.9	225.8	653.8	244.6	0	0	111034.1
		依兰至佳木斯区间	哈尔滨市	2125.7	159.7	838.1	457.7	193.6	0	2689.2	6464.0
			佳木斯市	5924.7	522.4	4483.2	2499.3	1237	0	120.7	14787.3
			小计	8050.4	682.1	5321.3	2957	1430.6	0	2809.9	21251.3
		梧桐河	鹤岗市	50069.8	282.8	2786.7	1576	1807.2	2430.1	2020.2	60972.8
			佳木斯市	49069.8	488.8	1060.8	667.4	645.4	0	1090.2	53022.4
			小计	99139.6	771.6	3847.5	2243.4	2452.6	2430.1	3110.4	113995.2
	佳木斯以下	佳木斯以下区间	鹤岗市	23320.2	332	17456.7	1457.5	5674.7	2430.1	81.0	48322.1
			双鸭山市	7003.9	357.8	447.4	240.9	955.2	0	380.2	9385.4
			佳木斯市	27102	872.8	4362.4	2726.6	5331.9	0	0	40395.7
			小计	57426.1	1562.6	22266.5	4425	11961.8	0	461.2	98103.2
		二级区合计		307416.9	5114	35498.1	12697.6	17737.5	2430.1	6358.8	330528.3

续表

一级区	二级区	三级区	所属地市	降雨入渗量	地下水侧向流入补给量	渠道渗漏补给量	灌溉渗漏补给量	井灌回归量	河流补给量	湿地补给量	地下水总补给量
黑龙江干流	黑龙江干流	黑河至松花江口干流区间	鹤岗市	15182.4	109.1	1364.1	1380.9	3320.2	0	35.0	21391.7
			小计	15182.4	109.1	1364.1	1380.9	3320.2	0	35.0	21356.7
		松花江口至乌苏里江口干流区间	佳木斯市	27041.5	365.9	23288	32420.2	8261.3	0	1502.2	92879.1
			小计	27041.5	365.9	23288	32420.2	8261.3	0	1502.2	91376.9
		二级区合计		42223.9	475	24652.1	33801.1	11581.5	0	1537.2	112733.6
		穆棱河	鸡西市	22052.5	414.1	1778.1	3465.7	2057.4	4370.2	0	34138
			小计	22052.5	414.1	1778.1	3465.7	2057.4	4370.2	0	29767.8
	穆棱河口以上	穆棱河口以上	鸡西市	16924.9	172.6	3580.3	3019.2	3454.3	4026.2	0	31177.5
			小计	16924.9	172.6	3580.3	3019.2	3454.3	4026.2	0	27151.3
		合计		38977.4	586.7	5358.4	6484.9	5511.7	8396.4	0	56919.1
		穆棱河口至挠力河口区间	鸡西市	22776.9	166.4	6691	3484.5	4838.9	5012.2	2078.6	45048.5
			双鸭山市	3966.9	510.3	1849.4	2005.2	946.5	4320.2	0	13598.5
			小计	26743.8	676.7	8540.4	5489.7	5785.4	9332.4	2078.6	58647.0
乌苏里江	穆棱河口以下	挠力河	双鸭山市	9619.7	595	2360.6	4014.9	4148	5520.6	203.2	26462.0
			佳木斯市	19063	311.7	1772.6	4585.2	7055.4	102.8	70.3	32961.0
			七台河市	802.7	302.7	0	0	0	0	0	0
			小计	29485.4	1209.4	4133.2	8600.1	11203.4	5623.4	273.5	59423.0
		挠力河口以下	双鸭山市	3307.3	144.8	296.9	217.8	273.2	0	502.2	4742.2
			佳木斯市	16478.1	531.8	5295.5	2941.9	2192.4	0	1205.6	28645.3
			小计	19785.4	676.6	5592.4	3159.7	2465.6	0	1707.8	33387.5
		二级区合计		114992	3149.4	23624.4	23734.4	24966.1	0	0	208376.6
		总计		385843.8	8738.7	83774.6	70233.1	54285.1	25782.3	22959.1	651638.5

表 6-5　地下水各项排泄量　　　　　　　　单位：万 m³/a

一级区	二级区	三级区	所属地市	潜水蒸发量	地下水实际开采量	向河流及湿地排泄量	渠道排泄地下水量	侧向流出量	地下水总排泄量
松花江	牡丹江	莲花水库下	哈尔滨市	2784.4	2748.9	187	113.6	740.2	6574.1
	通河至佳木斯干流区间	倭肯河	哈尔滨市	4145.5	2051.4	216.2	192.9	267.5	6873.5
			佳木斯市	4055.3	4955.8	465.5	880	569	10925.6
			七台河市	2669.6	3857.7	328.3	720	318	7893.6
		汤旺河	佳木斯市	573.6	1751.1	149.1	0	0	2473.8
		通河至依兰	哈尔滨市	1811	2357.6	955	78.8	202.6	5405.0
		依兰至佳木斯区间	哈尔滨市	1734.9	1757.1	899.8	86.8	160	4638.6
		梧桐河	鹤岗市	4814.8	10970.4	801.8	1121	283	17991.0
			佳木斯市	1401.4	3823.3	514.1	37	522.2	6298.0
		佳木斯以下区间	鹤岗市	15439.1	43333	3002.9	820.2	331	62926.2
			双鸭山市	1437.6	8023.9	0	1255	358	11074.5
			佳木斯市	19860.3	38297.4	2216.4	945.8	870	62189.9
	二级区	合计		60727.5	123927.6	9736.1	6251.1	4621.5	205263.8
黑龙江	黑龙江干流	黑河至松花江干流	鹤岗市	8819.2	23123.1	1910.1	1488.8	110	35451.2
		松花江至乌苏里江干流	佳木斯市	46621.4	28636.2	4252.4	1590	530.7	81630.7
	二级区	合计		55440.6	51759.4	6162.5	3078.8	640.7	117082.0
乌苏里江	穆棱河口以上	穆棱河	鸡西市	4969.2	26177.5	1070.6	1909	407.2	34533.5
		穆棱河口以上	双鸭山市	13618.6	83061.5	1464.5	4234.3	165	102543.9
	穆棱河口以下	穆棱河口至挠力河	鸡西市	3724.4	53208.3	862.3	1730	170	59695.0
			双鸭山市	1389	7031.7	963.7	61.3	589.8	10035.5
		挠力河	双鸭山市	18339.1	41357.8	358	2977	700.9	63732.8
			佳木斯市	26562	107091.5	478.6	526.5	350	135008.6
			七台河市	0	0	0	0	302.7	302.7
		挠力河口以下	双鸭山市	1264.4	8763.3	58.6	164.4	154.4	10405.1
			佳木斯市	8153	68823.7	838.3	529.3	530.3	78874.6
	二级区	合计		78019.7	395515.2	6094.6	12131.8	3370.3	495131.6
	总计			194187.8	571202.145	21993.2	21461.7	8621.5	817466.3

2．地下水实际开采量

地下水实际开采量，包括工业开采或农业开采、城镇居民开采、乡村人畜开采等，可据实际调查、统计确定。其中开采出来的地下水大部分消耗于蒸发，仅有部分地下水回渗到地下水系统。

3．向河流及湿地排泄地下水量

山丘区地下水除了山前侧向径流外，其余主要通过侧向径流向河流排泄平原区河道及湿地排泄地下水量可按水力学法或实测法分析确定，计算成果见表6-5。

4．侧向流出量

$$Q_{ld} = KIML\sin\theta\times10^{-4} \tag{6-8}$$

式中：Q_{ld} 为侧向流出量，万 m^3/d；K 为含水层渗透系数，m/d；I 为水力坡度；M 为含水层厚度，m；L 为过水断面长度，m；θ 为地下水流向与过水断面间夹角。

（四）地下水均衡分析

从结果可以看出，从 2008 年至 2012 年，三江平原的地下水多年年均补给量为 65.16 亿 m^3，而多年年均排泄量为 81.75 亿 m^3，地下水系统处于负均衡状态，这也是三江平原近些年大规模抽取地下水灌溉水稻田而导致的结果。如果继续按照现状情况下进行开采，三江平原地下水位还将持续下降，地下水排泄量增加，导致补给量与排泄量之差越来越大，最后将会形成大规模的降落漏斗，出现地面塌陷等问题，进而危及地表的植被等生态环境以及人类的生命与财产安全。

表 6-6　地下水储存量变化状况　　　　　　单位：万 m^3/a

二级区	三级区	四级区名称	所属地市	地下水总补给量	地下水总排泄量	地下水变化量
松花江	牡丹江	莲花水库以下	哈尔滨市	8798.3	6574.1	2224.2
	通河至佳木斯干流区间	倭肯河	哈尔滨市	8757.8	6873.5	1884.3
			佳木斯市	13676.3	10925.6	2750.7
			七台河市	10553.2	7893.6	2659.6
		汤旺河	佳木斯市	2298.4	2473.8	-175.4
		通河至依兰区间	哈尔滨市	5534.1	5405.0	129.1
		依兰至佳木斯区间	哈尔滨市	7364	4638.6	2725.4
			佳木斯市	16387.3	17991.0	-1603.7
松花江	佳木斯以下	梧桐河	鹤岗市	22472.8	6298.0	16174.8
			佳木斯市	6796.8	62926.2	-56129.4
		佳木斯以下区间	鹤岗市	57322.1	11074.5	46247.6
			双鸭山市	11085.4	62189.9	-51104.5
			佳木斯市	62495.7	205263.8	-142768
	二　级　区	合　计		233542.2	35451.2	198091
黑龙江	黑龙江干流	黑河至松花江干流区间	鹤岗市	32891.7	81630.7	-48739
		松花江口至乌苏里江干流区间	佳木斯市	106379.1	56557.0	49822.1
	二　级　区	合　计		139270.8	117082.0	22188.8

续表

二级区	三级区	四级区名称	所属地市	地下水总补给量	地下水总排泄量	地下水变化量
乌苏里江	穆棱河口以上	穆棱河	鸡西市	29134	34533.5	-5399.5
		穆棱河口以上	鸡西市	75535.5	102543.9	-27008.4
	穆棱河口以下	穆棱河口至挠力河口区间	鸡西市	44929.5	59695.0	-14765.5
			双鸭山市	13616.5	10035.5	3581
		挠力河	双鸭山市	66762	63732.8	3029.2
			佳木斯市	46461	135008.6	-88547.6
			七台河市	0	302.7	-302.7
		挠力河口以下	双鸭山市	5641.7	10405.1	-4763.4
			佳木斯市	34645.3	78874.6	-44229.3
二　级　区		合　计		316725.5	495131.6	-178406
总　　　　计				651638.5	817466.3	-165828

（五）地下水可开采资源量计算

地下水可开采资源量，是指在经济合理，技术可行且利用后不会造成地下水位持续下降、水质恶化、海水入侵、地面沉降等环境地质问题的情况下，允许从地下水含水层中取出的最大水量。地下水可开采量的计算方法很多，一般主要采用开采系数法和水均衡法计算（曹剑锋 等，2006；鹿海员 等，2013）。

1. 开采系数法

研究区多年平均地下水可开采量等于开采系数与多年平均现状条件下地下水补给量的乘积。计算公式为

$$Q_{可开采量} = \alpha Q_r \tag{6-9}$$

式中：$Q_{可开采量}$为研究区可开采量；Q_r为计算区多年平均地下水补给量，$10^4 m^3/a$；α为开采系数，参照杨湘奎（2008）及《水文地质手册》（第2版），此处开采系数选用0.7。

2. 水均衡

$$Q_{可开采量} = Q_{开采量} + \Delta Q \tag{6-10}$$

式中：$Q_{可开采量}$为研究区可开采量；$Q_{开采量}$为研究区现状开采量；ΔQ为研究区含水层储量多年平均变化量。

通过两种方法的计算取其均值46.54亿 m^3作为三江平原地下水可开采量（表6-7）。也即在制定地下水开采方案的时候，地下水的抽取量要小于或者最大限度等于46.54亿 m^3，否则长期超采将会导致地下水位持续的下降，导致一系列的生态环境地质问题。

表6-7　三江平原地下水可开采量计算

计算方法	可开采量/(亿 m^3/a)
水均衡法	45.69
开采系数法	47.40
均值	46.54

（六）地下水可开采量的空间分布

　　除了地下水可开采量总量，其空间分布对于指导地下水合理的开采也同样重要。本文利用三江平原给水度及水位变幅的空间分布特征，对三江平原的地下水可开采量的空间分布进行了研究（图6-2）。

　　对于一个均衡区内，在任意时间段（Δt）内的含水层系统中的水体积的变化量可用下式求解（曹剑锋 等，2006）：

$$\Delta Q = \pm S \times F \frac{\Delta h}{\Delta t}, \quad S = \begin{cases} \mu, & \text{潜水} \\ \mu^*, & \text{承压水} \end{cases} \tag{6-11}$$

式中：ΔQ 为含水层系统储存量的变化量，m³/a 或 m³/d；S 为重力给水度（μ）以及弹性释水系数（μ^*）；F 为均衡区含水层的分布面积，m²；Δh 为 Δt 时段内均衡区平均水头变化值，m。

　　可以得出三江平原地下水可开采量主要分布于平原区，其次是低山丘陵区，再次是兴凯湖地平原，最后是山区。

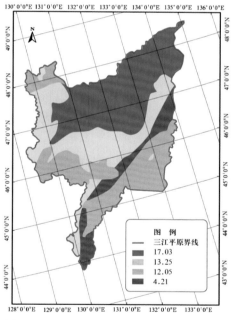

图6-2　三江平原地下水可开采量空间分布

参考文献

曹剑锋，迟宝明，王文科，等. 专门水文地质学[M]. 北京：科技出版社，2006.

鹿海员.谢新民，郭克贞，等. 基于水资源优化配置的地下水可开采量研究[J]. 水力学报，2013，44(10): 1187-1193.

王建生，钟华平，耿雷华，等. 水资源可利用计算[J]. 水科学进展，2006，17(4): 549-553.

第七章 地下水-地表水联合模拟与调控

如何合理地进行地下水与地表水联合运用，提高水资源利用效率，同时遏制地下水位持续下降和维持良好的生态环境是当前三江平原亟须解决的重要水资源问题。本章在认识区域水循环要素演变特征以及地下水-地表水转化关系的基础上，建立了三江平原地下水-地表水联合模拟模型，对不同的水资源开发方案进行了模拟分析，以地下水可开采量与适宜水位双控制为约束条件，提出了不同情景下地下水-地表水联合调控方案，确定了丰、平、枯不同水文年三江平原水资源可支撑最大水稻田种植面积，为三江平原水资源高效可持续利用提供决策依据，进而为区域粮食安全与生态安全提供可靠的水资源保障。

第一节 地下水-地表水耦合模型构建

一、地表水模拟模型

（一）研究区边界的概化

研究区的东部与西北部为国际界河的河岸线，所以将其概化为第一类边界。研究区南部及东南部为低山丘陵地带的山脊线，是研究区内的河流系统的分水岭，故将其概化为第二类边界（图7-1）。

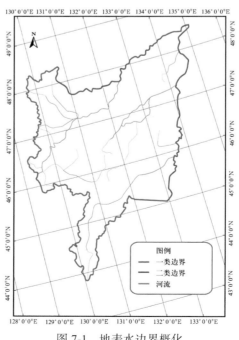

图 7-1 地表水边界概化

（二）概念模型的建立

研究区地表水主要位于三江冲积低平原内，地势比较平坦，地形坡度小，地表水流动较缓慢，所以将三江平原地表水概化为二维非稳定流，采用二维平均深度的圣维南方程及定界条件来描述。

（三）数学模型的建立

$$
\begin{cases}
\dfrac{\partial \phi_o h_o}{\partial t} - \dfrac{\partial}{\partial x}\left(d_o K_{ox}\dfrac{\partial h_o}{\partial x}\right) - \dfrac{\partial}{\partial y}\left(d_o K_{oy}\dfrac{\partial h_o}{\partial y}\right) + Q_o = 0 & (x,y)\in D_o \\[3mm]
h_o(x,y,t)\big|_{\Gamma 1} = h(x,y,t) & (x,y)\in \Gamma_1 \\[3mm]
K_n\dfrac{\partial h_o}{\partial n}\bigg|_{\Gamma 2} = q_o(x,y,t) & (x,y)\in \Gamma_2 \\[3mm]
h_o(x,y,t)\big|_{t=0} = h(x,y,0) & (x,y)\in D_o
\end{cases}
\qquad (7\text{-}1)
$$

式中：ϕ_o 为地表孔隙度，无量纲；h_o 为水面高程，m，$h_o = d_o + z$；d_o 为地表径流深度，m；D_o 为地表水范围；$h_o(x,y,t)$ 为给定水深的第一类边界条件；Q_o 为地表水的源汇项，LT^{-1}；$q_o(x,y,t)$ 为给定通量的第二类边界条件；K_{ox}、K_{oy} 为 x、y 方向上的地表传导系数，LT^{-1}；K_n 为边界法向的地表传导系数张量，LT^{-1}；$h(x,y,0)$ 为初始条件。

二、地下水模拟模型

（一）水文地质概念模型

1. 含水层系统

依据三江平原地下水含水层的地质结构特点，将其含水层系统进一步划分为 2 个含水层亚系统，即第四系孔隙含水层亚系统、前第四系碎屑岩类孔隙裂隙含水层亚系统。第四系孔隙含水层亚系统分布最广泛，是此次模拟的主要对象，前第四系碎屑岩类孔隙裂隙含水层亚系统仅在局部地区有分布。

根据该区含水层的分布特征及埋藏条件，可进一步在模型中将含水系统分为 2 层，第一层主要岩性为全新统 Q_4 及上更新统 Q_3 黏土层，局部地段为全新统 Q_4 细砂，与下部含水层相连通，为潜水含水层；下伏两层为上更新统 Q_3 和中更新统 Q_2 的粗砂、砂砾石及细砂，构成第二层（中上更新统 Q_{2-3} 砂及砾石含水层）承压含水层。

2. 边界条件

三江平原地下水系统的周边边界为：西部、南部及东南部为低山丘陵区的各种弱渗透性地层、岩浆岩体、阻水断层，构成含水层隔水（或弱透水）边界，概化为第二类边界；北部及东北部为中俄界河——黑龙江和乌苏里江，为水位边界，概化为第一类边界（图 7-2）。

垂向边界：上部平原边界为主要的物质和能量交换边界；第三系含水层底部分布稳定的泥岩或基底完整基岩为下部平面隔水边界。

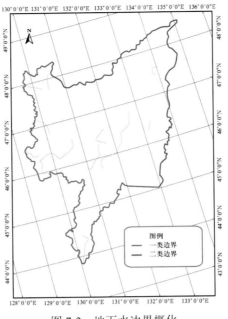

图 7-2 地下水边界概化

3. 源汇项特征

地下水以垂向入渗补给为主；其次为侧向径流补给、洪水期江水回灌及沼泽水的渗入补给等。此外黑龙江、松花江、乌苏里江的部分江段，汛期也向系统内部进行水量交换。

地下水排泄主要方式是人工开采、地下水蒸发和侧向径流。此外，黑龙江、松花江、乌苏里江的部分江段，除汛期向系统内部输入物质和能量外，其他时期为主要的排泄通道。

（二）地下水流数学模型

根据水文地质概念模型，研究区内地下水流数值模型概化为非均质各向同性的三维非稳定流，表达如下：

$$\begin{cases} \dfrac{\partial}{\partial x}(k\dfrac{\partial h}{\partial x})+\dfrac{\partial}{\partial y}(k\dfrac{\partial h}{\partial y})+\dfrac{\partial}{\partial z}(k\dfrac{\partial h}{\partial z})+\varepsilon=s\dfrac{\partial h}{\partial t} & (x,y,z)\in\Omega, t\geqslant 0 \\[2mm] k(\dfrac{\partial h}{\partial x})^2+k(\dfrac{\partial h}{\partial y})^2+k(\dfrac{\partial h}{\partial z})^2-\dfrac{\partial h}{\partial x}(k+p)+\varepsilon=\mu\dfrac{\partial h}{\partial t} & (x,y,z)\in\Gamma_0, t\geqslant 0 \\[2mm] h(x,y,z)\big|_{\Gamma 0}=h_1(x,y,z) & (x,y,z)\in\Gamma_1, t\geqslant 0 \\[2mm] K_n\dfrac{\partial h}{\partial n}\bigg|_{\Gamma 2}=q_2(x,y,z,t) & (x,y,z)\in\Gamma_2, t\geqslant 0 \\[2mm] h_0(x,y,z,t)\big|_{t=0}=h_0 & (x,y,z)\in\Omega \end{cases}\qquad(7\text{-}2)$$

式中：Ω 为渗流区域；Γ_0 为渗流区上边界，即地下水的自由表面；Γ_1、Γ_2 为一类及二类边界；q 为二类边界单宽流量，$(\text{m}^3/\text{d})/\text{m}$；$h_0$ 为初始水位，m；h_1 为一类边界点的水位，m；δ 为边界上的内法线；n 为开采井总数；K 为含水层渗透系数，m/d；x、y 为坐标，m；上述偏微分方程、初始条件和一类、二类边界条件，共同组成定解问题。

三、地下水-地表水耦合模型

地下水模型与地表水模型是通过 FOEC 方法来进行耦合的。FOEC 方法（Joel E. VanMwaak，1999）是一种基于物理过程的能够比较准确的刻画地下水、地表水的转换量的方法，能够充分考虑地下水与地表水接触带的植被等微地形因素对地下水与地表水转化的影响，克服了传统的达西定律在计算地下水-地表水转化过程中过于简化的问题，在每个剖分网格中，对独立的单元体内的地下水位与地表水头的水力联系进行水量交换量计算来达到实时联合模拟。从更加符合实际的角度对三江平原地表水-地下水进行联合模拟，是比较理想的模型耦合方法。

$$q_{ss} = \alpha\left(h_{sb} - h_s\right)$$
$$\alpha = k_r \frac{K_{sat}}{l_e} \qquad (7\text{-}3)$$

式中：l_e 为地表水与地下水之间的耦合长度，L；q_{ss} 为地下水与地表水交换量，$L^3L^{-3}T^{-1}$；k_r 为上游节点的相对渗透率，无量纲；K_{sat} 为地下含水层表层介质的渗透系数，LT^{-1}；h_{sb} 为地下水水头，L；h_s 为地表水水位，L。

第二节　地下水-地表水耦合模型识别与验证

为了更加准确的研究三江平原降水和地表水对地下水的补给作用，实现地下水-地表水联合调控的目的，为此引进了基于空间遥感的分布式降水-径流软件 WetSpass（Water and Energy Transfer Between Soil，Plants and the Atmosphere Under Quasi-Steady-State）-GMS(Groundwater Modeling System) 进行求解，根据不同的土地利用类型和地表数字高程（DEM）等空间信息，评估三江平原降水与地表水对地下水的补给量，进而达到更加准确的进行地下水-地表水联合调控的目的。

一、WetSpass-GMS 软件简介

WetSpass(McDonald et al.，1998)是由比利时布鲁塞尔自由大学的 Batelaan 和 De Smedt 教授共同开发的一种基于空间遥感信息的分布式降水-径流软件。该模型的输入数据中等数据以栅格形式输入，以 DBF 的格式输入，模型通过对降水量、土壤质地类型、土地利用类型和土壤参数、径流参数以及土地利用参数的输入，计算输出年补给量等输出数据的格式为栅格格式，并建立相对应的水量平衡模型,然后根据每个栅格中的土地利用类型、土壤质地、水文气象与坡度等因素来模拟计算每个栅格的实际的植物截留量、地表产流量、蒸发量以及地下入渗量（林岚 等，2010）。GMS 是美国 Brigham Young University 的环境模型研究室及美国军队排水工程试验工作站在综合目前已有地下水模拟软件的基础上开发的用于地下水模拟的综合性图形界面软件包。此软件是迄今为止功能最齐全的地下水模拟软件包之一。采用有限差分法建立水文地质模型，并进行计算区单元自动剖分和数据的自动采集，包括各结点的含水层顶、底板高程、水位等大量数据的自动插值，在确保计算精度的基础上，能有效

地提高工作效率。是一款应用极其广泛的软件，目前已在世界各国进行大量应用（周宇渤，2011）。本研究利用 FOEC 法将地下水和地表水模型耦合起来，利用 WetSpass 和 GMS 软件进行实时计算，达到联合模拟和预测地下水流系统的目的。

二、模型数据

模型输入的数据包括属性数据及栅格数据。输入的栅格数据在 ArcGIS 中进行统一转换，统一各输入数据栅格的大小，每个栅格为 1 000m×1 000 m，整个三江平原共被剖分为 109000 个栅格，其中每个栅格都是一个独立的水量平衡计算单元。模型输入的栅格数据包括：①土壤质地 ②土地利用 ③地形 ④坡度 ⑤地下水位埋深等（图 7-3）。

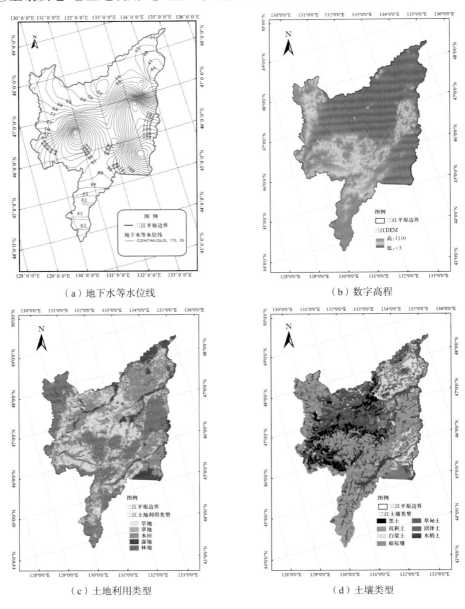

（a）地下水等水位线　　　　　　　　（b）数字高程

（c）土地利用类型　　　　　　　　（d）土壤类型

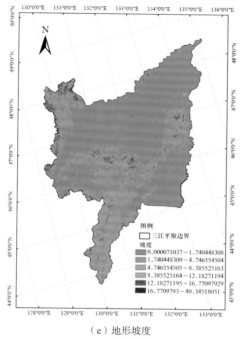

（e）地形坡度

图 7-3　模型输入的基础数据

三、空间与时间离散

（一）空间离散

计算区面积为 10.89 万 km^2，采用 WetSpass-GMS 进行自动矩形剖分。剖分单元 109000 个，每个单元格为 0.1km×0.1km，面积为 $0.01km^2$。水文地质概念模型边界概化见图 7-4。

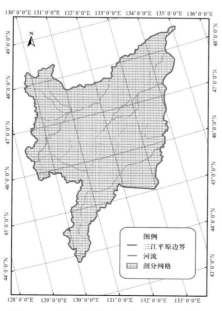

图 7-4　水文地质概念模型边界概化图

（二）时间离散

建立的地下水-地表水耦合模型采用完全一致的时间和空间的离散。模型识别期为 2008 年 1 月至 2010 年 12 月，模型验证期为 2011 年 1 月至 2012 年 12 月。在模型识别和验证期内，以 1 个月为 1 个时间段，每个时间段包括 3 个时间步长。在短时段验证模型效果较好后，再利用软件建立 2008-2012 年长时间序列的验证模型，进一步验证模型的可靠性。

四、模型的识别与验证

（一）参数分区

区内第四系下更新统和中更新统冲积-冰水堆积砂及砂砾石含水层的渗透系数（K）和给水度（μ），贮水系数（μ^*）以及包气带中空气压力倒数 α(m^{-1})，孔隙度大小分布指数 β，残余饱和度 $S\gamma$ 以及孔隙连接指数 Lp 等参数，根据含水层岩相变化特点、含水层厚度等因素对其进行分区，各参数分区的参数初始值根据各个勘察阶段的勘察研究成果及抽水试验确定。模型中共分为三层，其中第一层主要岩性为黏土层，局部地段为细砂，与下部含水层连通，下面两层为粗砂、砂砾石及细砂组成的第一含水层及第二含水层，参数分区图及参数初值见图 7-6 与图 7-7 及表 7-1 与表 7-2。地表水力参数见表 7-3。

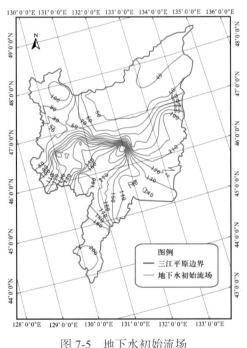

图 7-5　地下水初始流场

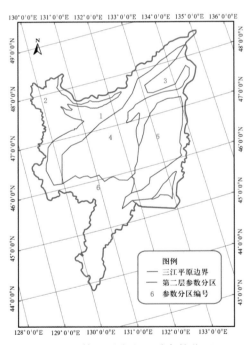

图 7-6　第一层水文地质参数分区

表 7-1　第一层水文地质参数初值表

分区编号	K/(m/d)	μ	α/(m^{-1})	β	$S\gamma$	Lp
1	32	0.3	4.21	1.15	0.046	1.41
2	18	0.24	4.07	1.28	0.032	1.36
3	20	0.21	1.78	1.04	0.024	1.25

续表

分区编号	$K/(m/d)$	μ	$\alpha/(m^{-1})$	β	$S\gamma$	Lp
4	20	0.1	1.3	1.3	0.097	1.42
5	2	0.05	1.56	1.19	0.065	1.82
6	4	0.03	2.43	1.64	0.056	0.64

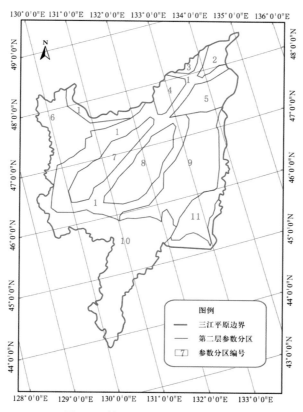

图 7-7 第二层水文地质参数分区

表 7-2 第二层水文地质参数初值分区

分区编号	$K/(m/d)$	μ^*	$\alpha/(m^{-1})$	β	$S\gamma$	Lp
1	28	0.0041	0.04	1.78	1.3	0.23
2	16	0.0051	0.07	2.62	2.21	1.26
3	18	0.0016	0.12	1.62	1.3	1.26
4	20	0.0014	0.06	2.61	1.3	1.29
5	17	0.0032	0.04	2.61	2.2	0.86
6	20	0.0010	0.13	1.23	2.21	0.86
7	12	0.0020	0.05	1.24	1.38	1.24
8	14	0.0010	0.06	2.42	1.35	0.82
9	4	0.0009	0.1	2.65	1.38	1.29
10	3	0.0006	0.03	1.2	2.21	1.26
11	15	0.0010	0.05	2.61	2.04	0.87

表 7-3　地表水力参数初值

类型	森林	草地	湿地	水田	旱田
曼宁粗糙系数/(s/m$^{1/3}$)	0.62	0.0400	0.06	0.05	0.2
洼地存储量/m	0.03	0.0030	0.0002	0	0.002
消减存储量/m	0.0002	0.0002	0	0	0.0001
耦合长度/m	0.2	0.5000	0.02	0.02	0.3

（二）模型的识别

1. 识别时段的选择

以 2008 年 1 月 1 日为模型识别时段的初始时刻，2010 年 12 月 1 日为模型识别时段末刻。地下水初始流场用 2008 年 1 月地下水观测值、区内地下水长观井的观测水位等通过 kringing 法自动插值完成，初始流场见图 7-5。

用于识别模型数据有地表河流平均净流量以及研究区地下水位。由于识别时段的地表径流量以及水文地质资料较多，能够比较客观地反映研究区的水文特点，参数分区能够正确地反映研究区的水文地质特征的变化特点，在识别时段内地表水净流量以及地下水位变化不大，两层含水层均较好地达到拟合效果。从水位拟合图上看，所建立的地下水-地表水概念模型和数学模型是符合实际的，能够很好地将研究区内地下水与地表水有机联系起来，正确地反映识别时段研究区的水文条件。识别期末各含水层流场拟合图见图 7-8。

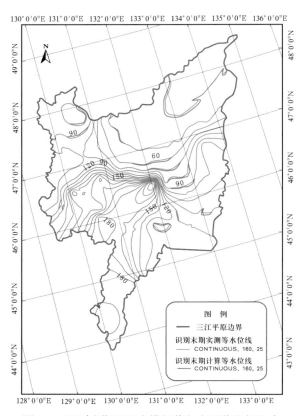

图 7-8　识别末期地下水模拟值与实测值流场拟合

2. 参数的识别

模型的识别主要是通过计算水位与实测水位的对比，对含水层参数进行调整，最终使得计算水位与实测值拟合达到可以接受的精度范围内，识别期主要调整了第一层和第二层的参数以及地表水力参数，经过识别后的各层参数值见表 7-4 ~ 表 7-7。

表 7-4　识别后的第一层水文地质参数

分区编号	$K/(m/d)$	μ	$\alpha/(m^{-1})$	β	$S\gamma$	Lp
1	30	0.25	4.23	1.16	0.032	1.42
2	15	0.14	4.17	1.32	0.025	1.32
3	20	0.21	2.04	1.21	0.0.21	1.26
4	16	0.11	1.26	1.28	0.096	1.34
5	1	0.05	1.62	1.04	0.065	1.64
6	1	0.03	2.43	1.64	0.042	1.01

表 7-5　识别后的第二层水文地质参数

分区编号	$K/(m/d)$	μ^*	$\alpha/(m^{-1})$	β	$S\gamma$	Lp
1	30	0.0021	0.06	1.7	1.24	1.08
2	20	0.0011	0.07	2.42	2.01	1.42
3	20	0.0016	0.18	1.8	1.3	1.26
4	20	0.0014	0.16	2.41	1.3	1.3
5	19	0.0012	0.09	2.61	2.4	1.23
6	20	0.0014	0.13	1.2	2.12	0.86
7	15	0.0090	0.15	1.4	1.48	1.26
8	14	0.0080	0.04	2.4	1.25	0.86
9	1.2	0.0009	0.06	2.85	1.3	1.3
10	1	0.0008	0.08	1.9	2.2	1.24
11	15	0.0010	0.07	2.61	2.44	0.87

表 7-6　识别后的地表水力参数

类型	森林	草地	湿地	水田	旱田
曼宁粗糙系数/$(s/m^{1/3})$	0.52	0.0100	0.08	0.04	0.7
洼地存储量/m	0.031	0.0020	0.0001	0	0.008
消减存储量/m	0.0002	0.0001	0	0	0.0001
耦合长度/m	0.4	0.7000	0.05	0.02	0.56

表 7-7　识别期径流量

水文站名	月份	2008年 实测值/(m³/s)	2008年 模拟值/(m³/s)	2008年 绝对误差/(m³/s)	2008年 相对误差/%	2009年 实测值/(m³/s)	2009年 模拟值/(m³/s)	2009年 绝对误差/(m³/s)	2009年 相对误差/%	2010年 实测值/(m³/s)	2010年 模拟值/(m³/s)	2010年 绝对误差/(m³/s)	2010年 相对误差/%
佳木斯站	1	333	368	35	10.5	386	421	35	9.1	482	506	24	5
	2	307	357	50	16.3	287	346	59	20.6	446	526	80	17.9
	3	363	426	63	17.4	402	482	80	19.9	492	596	104	21.1
	4	807	786	-21	2.6	1090	987	-103	9.4	1340	1240	-100	7.5
	5	714	756	42	5.9	1040	965	-75	7.2	4340	4568	228	5.3
	6	914	927	13	1.4	1690	1438	-252	14.9	2580	2869	289	11.2
	7	1480	1398	-82	5.5	5220	5820	600	11.5	2020	1986	-34	1.7
	8	1480	1384	-96	6.5	3020	3124	104	3.4	4700	4326	-374	8
	9	929	907	-22	2.4	2960	3245	285	9.6	3910	3125	-785	20.1
	10	830	876	46	5.5	1570	1689	119	7.6	1710	1650	-60	3.5
	11	498	516	18	3.6	903	1083	180	19.9	970	950	-20	2.1
	12	736	704	-32	4.3	742	854	112	15.1	541	531	-10	1.8
保安站	1	0.02	0.021	0.001	5	0.23	0.19	-0.04	17.4	0.019	0.022	0.003	15.8
	2	0.1	0.11	0.01	10	0.21	0.24	0.03	14.3	0.02	0.017	-0.003	15
	3	1.54	1.78	0.24	15.6	0.012	0.01	-0.002	16.7	0.053	0.045	-0.008	15.1
	4	5.13	4.23	-0.9	17.5	4.11	3.46	-0.65	15.8	15.1	13.86	-1.24	8.2
	5	11.8	12.56	0.76	6.4	2.44	2.04	-0.4	16.4	31.6	29.36	-2.24	7.1
	6	5.22	4.63	-0.59	11.3	6.04	5.89	-0.15	2.5	4.69	4.15	-0.54	11.5
	7	3.07	3.61	0.54	17.6	19.1	18.32	-0.78	4.1	6.14	5.96	-0.18	2.9
	8	1.57	1.68	0.11	7	23.6	21.56	-2.04	8.6	11	9.6	-1.4	12.7
	9	1.02	1.16	0.14	13.7	7.61	7.02	-0.59	7.8	3.6	3.15	-0.45	12.5
	10	1.2	1.36	0.16	13.3	3.12	2.98	-0.14	4.5	2.65	2.34	-0.31	11.7
	11	0.73	0.82	0.09	12.3	1.44	1.18	-0.26	18.1	1.48	1.36	-0.12	8.1
	12	0.145	0.163	0.018	12.4	0.488	0.402	-0.086	17.6	0.34	0.28	-0.06	17.6
鹤立站	1	0.006	0.005	-0.001	16.7	0.012	0.011	-0.001	8.3	0.006	0.0054	-0.0006	10
	2	0.005	0.0042	-0.0008	16	0.044	0.038	-0.006	13.6	0.023	0.026	0.003	13

续表

水文站名	月份	2008年				2009年				2010年			
		实测值/(m³/s)	模拟值/(m³/s)	绝对误差/(m³/s)	相对误差/%	实测值/(m³/s)	模拟值/(m³/s)	绝对误差/(m³/s)	相对误差/%	实测值/(m³/s)	模拟值/(m³/s)	绝对误差/(m³/s)	相对误差/%
鹤立站	3	0.008	0.007	-0.001	12.5	0.068	0.058	-0.01	14.7	0.46	0.52	0.06	13
	4	0.046	0.039	-0.007	15.2	0.091	0.076	-0.015	16.5	4.89	4.56	-0.33	6.7
	5	2.03	2.13	0.1	4.9	0.038	0.043	0.005	13.2	22.2	21.6	-0.6	2.7
	6	4.84	4.62	-0.22	4.5	14.5	14.6	0.1	0.7	5.32	5.21	-0.11	2.1
	7	3.11	3.02	-0.09	2.9	33.3	32.46	-0.84	2.5	15.7	15.3	-0.4	2.5
	8	1.26	1.06	-0.2	15.9	18.7	17.23	-1.47	7.9	17.7	16.4	-1.3	7.3
	9	0.865	0.82	-0.045	5.2	5	4.56	-0.44	8.8	2.51	2.46	-0.05	2
	10	0.445	0.423	-0.022	4.9	1.75	1.86	0.11	6.3	1.32	1.22	-0.1	7.6
	11	0.131	0.12	-0.011	8.4	0.229	0.236	0.007	3.1	0.114	0.104	-0.01	8.8
	12	0.01	0.011	0.001	10	0.008	0.006	-0.002	25	0.126	0.114	-0.012	9.5
宝清站	1	0.26	0.28	0.02	7.7	0.032	0.022	-0.01	31.3	0.163	0.193	0.03	18.4
	2	0.89	0.83	-0.06	6.7	0.34	0.37	0.03	8.8	0.156	0.146	-0.01	6.4
	3	2.11	2.01	-0.1	4.7	0.97	0.86	-0.11	11.3	0.96	0.88	-0.08	8.3
	4	6.35	6.45	0.1	1.6	9.24	9.53	0.29	3.1	34.9	36.21	1.31	3.8
	5	24.4	23.56	-0.84	3.4	11.5	11.6	0.1	0.9	89.2	96.45	7.25	8.1
	6	15.6	16.4	0.8	5.1	17.7	16.7	-1	5.6	23	24.3	1.3	5.7
	7	19.4	20.4	1	5.2	13.8	13.2	-0.6	4.3	32.6	31.4	-1.2	3.7
	8	20.5	21.6	1.1	5.4	36.9	35.4	-1.5	4.1	18.6	16.2	-2.4	12.9
	9	6.24	6.14	-0.1	1.6	9.73	9.25	-0.48	4.9	3.62	2.96	-0.66	18.2
	10	1.48	1.56	0.08	5.4	2.9	3.12	0.22	7.6	2.33	2.14	-0.19	8.2
	11	0.836	0.814	-0.022	2.6	1.29	1.62	0.33	25.6	1.64	1.61	-0.03	1.8
	12	0.376	0.346	-0.03	8	0.679	0.702	0.023	3.4	0.469	0.512	0.043	9.2

（三）模型的验证

1．模型验证时段的选择

为验证所建立的数值模型和模型参数的可靠性，选择 2011 年 1 月 1 日至 2012 年 12 月 30 日对数值模型的地下水位与地表河流径流量进行检验。

2．模型验证时段源汇项的处理

模型检验时段的源汇项变化是地下水开采量的变化，通过模型运行后，地下水 2012 年 12 月 30 日的拟合流场见图 7-9，各观测孔地下水拟合曲线见图 7-10，验证末期个代表性水文站的河流径流量观测值与模拟值拟合值见表 7-8，可以看出，无论是地下水的水位拟合(86%的观测井都绝对误差小于 0.5m)还是地表水的流量拟合（相对误差不大于 20%）都达到了较好的精度。因此，建立的地下水-地表水联合模型能够很好地反映研究区的水流状况，所得参数为最终的模型参数。

图 7-9　验证期末刻流场拟合

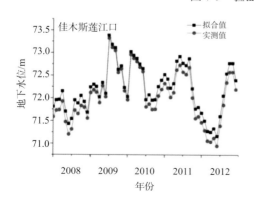

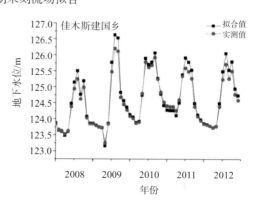

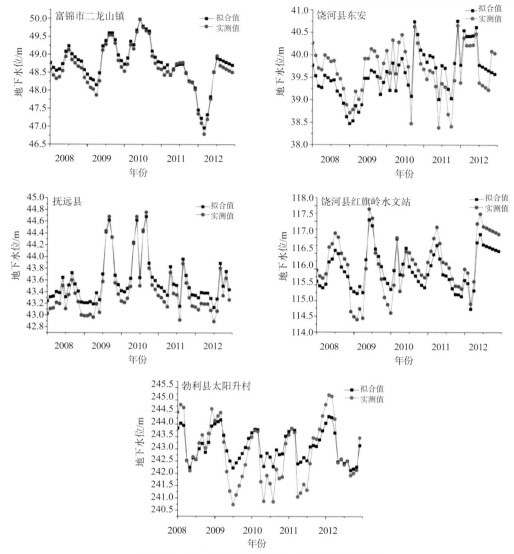

图 7-10 地下水实测水位与模拟水位拟合曲线

表 7-8 验证期河流径流量

水文站点	月份	2011 年				2012 年			
		实测值 /(m³/s)	模拟值 /(m³/s)	绝对误差 /(m³/s)	相对误差/%	实测值 /(m³/s)	模拟值 /(m³/s)	绝对误差 /(m³/s)	相对误差/%
佳木斯站	1	728	708	−20	2.7	405	466	61	15.1
	2	680	620	−60	8.8	304	521	217	71.4
	3	792	732	−60	7.6	320	462	142	44.4
	4	1330	1230	−100	7.5	874	960	86	9.8
	5	1270	1432	162	12.8	903	1030	127	14.1
	6	3460	3321	−139	4.0	1470	1586	116	7.9
	7	3040	2823	−217	7.1	2010	2401	391	19.5
	8	2890	2645	−245	8.5	3560	3896	336	9.4
	9	1350	1265	−85	6.3	2680	2876	196	7.3

续表

水文站点	月份	2011 年				2012 年			
		实测值 /(m³/s)	模拟值 /(m³/s)	绝对误差 /(m³/s)	相对误差/%	实测值 /(m³/s)	模拟值 /(m³/s)	绝对误差 /(m³/s)	相对误差/%
佳木斯站	10	805	924	119	14.8	2640	2460	−180	6.8
	11	650	782	132	20.3	1730	1963	233	13.5
	12	470	560	90	19.1	825	950	125	15.2
保安站	1	0.038	0.045	0.007	18.4	0.034	0.04	0.006	17.6
	2	0.05	0.042	−0.008	16.0	0.038	0.031	−0.007	18.4
	3	0.485	0.412	−0.073	15.1	0.117	0.125	0.008	6.8
	4	5.79	5.43	−0.36	6.2	2.86	2.97	0.11	3.8
	5	6.57	6.04	−0.53	8.1	3.68	3.86	0.18	4.9
	6	7.18	6.68	−0.5	7.0	2.3	2.5	0.2	8.7
	7	3.34	3.21	−0.13	3.9	3.5	3.78	0.28	8.0
	8	1.75	1.62	−0.13	7.4	2.19	2.56	0.37	16.9
	9	1.68	1.35	−0.33	19.6	11.1	12.8	1.7	15.3
	10	1.47	1.64	0.17	11.6	15.4	16.8	1.4	9.1
	11	0.883	0.903	0.02	2.3	6.28	6.59	0.31	4.9
	12	0.289	0.345	0.056	19.4	1.01	1.2	0.19	18.8
鹤立站	1	0.138	0.126	−0.012	8.7	0.004	0.0035	−0.0005	12.5
	2	0.204	0.2	−0.004	2.0	0.005	0.0046	−0.0004	8.0
	3	0.212	0.2	−0.012	5.7	0.004	0.0035	−0.0005	12.5
	4	1.95	1.68	−0.27	13.8	0.165	0.143	−0.022	13.3
	5	2.41	2.32	−0.09	3.7	0.96	0.82	−0.14	14.6
	6	9.73	9.34	−0.39	4.0	2.75	2.68	−0.07	2.5
	7	4.43	4.46	0.03	0.7	3.66	3.46	−0.2	5.5
	8	4.98	5.14	0.16	3.2	6.07	6.18	0.11	1.8
	9	1.43	1.56	0.13	9.1	9.9	10.23	0.33	3.3
	10	0.546	0.523	−0.023	4.2	5.01	5.26	0.25	5.0
	11	0.167	0.152	−0.015	9.0	1.9	2.2	0.3	15.8
	12	0.003	0.0024	−0.0006	20.0	0.025	0.029	0.004	16.0
宝清站	1	0.586	0.543	−0.043	7.3	0.24	0.25	0.01	4.2
	2	0.482	0.42	−0.062	12.9	0.38	0.4	0.02	5.3
	3	0.315	0.26	−0.055	17.5	0.82	0.94	0.12	14.6
	4	6.43	6.31	−0.12	1.9	1.36	1.46	0.1	7.4
	5	23	21.4	−1.6	7.0	14.1	15.1	1	7.1
	6	20.2	22	1.8	8.9	124	118.5	−5.5	4.4
	7	11.6	12.8	1.2	10.3	8.57	9.65	1.08	12.6
	8	7.12	7.46	0.34	4.8	2.54	3.01	0.47	18.5
	9	2.15	2.45	0.3	14.0	7.32	8.65	1.33	18.2
	10	1.41	1.36	−0.05	3.5	21.3	22.4	1.1	5.2
	11	0.878	0.96	0.082	9.3	8.94	9.37	0.43	4.8
	12	0.193	0.204	0.011	5.7	1.88	2.13	0.25	13.3

第三节　基于地下水水量-水位双控制的水资源开采方案

一、地下水适宜水位的识别

地下水适宜水位是指能够充分发挥地下水对生态环境的支撑作用，即满足生态环境要求，又不能造成生态环境恶化的地下水位。它是一个随时空变化的地下水位阈值。它可以是一个确定的值，也可以是一个允许变化的水位区间。潜水是地表植被水分的重要补给来源之一，当一个地区潜水位埋深过大时，植物根系层无法获得地下水的有效补充，因此地下适宜水位应维持在潜水蒸发为 0 的深度之上；而当地下水埋藏过浅，盐分会随着蒸发而滞留于地表，会对地表植物产生影响。因此，地下水适宜水位要保证低于最大毛细上升高度与植被根系层厚度之和（赵海清，2012）。

（一）地下水适宜水位识别的理论方法

1. 地下水适宜水位上限阈值的确定

在本书中，利用毛细上升高度、潜水蒸发深度和植被根系深度来确定某种植被类型的浅层地下水合理水位的上界和下界。确定浅层地下水合理埋深的边界的概念是建立在对现存植被保护的基础之上。一方面，当浅层地下水位上升到地表或近地表时，植物根系向缺氧环境转变，大多数旱生植物无法承受长时间的缺氧环境。此外，如果表层土壤含盐量高，浅层地下水位上升可能导致某些地区土壤盐分积累降低土壤质量（Sorenson 等，1991；Rengasamy 等，2003）。另一方面，当浅层地下水位下降到一定的深度时，植物根系无法接近，并且地下水蒸腾几乎为零。在很长一段时间内，随着浅层地下水的减少，地表植被群落（例如林地、草地和湿地）将退化或发生演替。

对于一些植被类型，特别是上游农田，浅层地下水位的变化与毛细上升和植物根系吸收有关。浅层地下水位越高，土壤盐分含量越高，可能在上层土壤中积累盐分，对植被有不利影响。对于这些地区，理想的浅层地下水位不会经常超过毛细管上升和植物根系吸收可达到的高度。因此，笔者将毛细上升高度与植物根茎深度之和定义为浅层地下水适宜水位上部边界（图 7-11）。通过测量土壤柱的湿润峰，利用目视法获得毛细上升的高度。Lago and Araujo（2001）用这种方法（垂直毛细管）获得多孔介质中的毛细管上升高度；Fries 等（2008）也采用相同的方法计算毛细上升高度，取得了满意的结果。

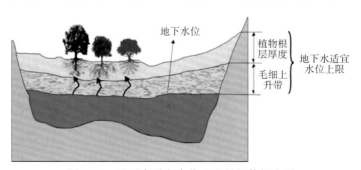

图 7-11　地下水适宜水位上边界阈值概念图

　　土壤的毛细上升高度和速度是时间的函数（图 7-12 左图）。如果毛细上升速度是稳态的（图 7-12 右图），则相应时间点 t_m 对应的高度可以被认为是毛细上升高度的最大值 h_m（图 7-12 左图）。

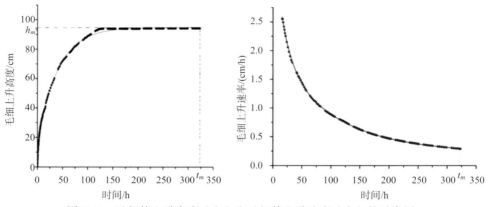

图 7-12　毛细管上升高度（左）和毛细管上升速度（右）的示意图

2．地下水适宜水位下限阈值的确定

　　植被的生存和生长受到浅层地下水埋深及其波动的影响。因此，浅层地下水埋深应保持一定的范围。当地下水位降至潜水蒸发为零的线以下时，会导致植被退化或移位，因此，将潜水蒸发为零的水位为地下水适宜水位下限（图 7-13）。

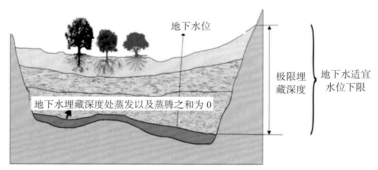

图 7-13　地下水适宜水位下边界阈值概念图

　　目前确定极限蒸发深度的方法通常采用经验公式法来求得极限蒸发埋深。在潜水蒸发的经验公式中，应用最多的就是阿维里扬诺夫公式（曹剑锋 等，2006），其具体形式为

$$\mu \frac{\mathrm{d}h}{\mathrm{d}t} = \varepsilon_0 (1 - \frac{h}{L})^n \qquad (7\text{-}4)$$

式中：μ 为潜水变动带给水度；h 为潜水的埋深，m；L 为极限蒸发深度，m；n 为蒸发指数，多取 $1 \sim 3$；ε_0 为水面蒸发强度，m/d；$\frac{\mathrm{d}h}{\mathrm{d}t}$ 为潜水由蒸发造成的降速，m/d；$\mu \frac{\mathrm{d}h}{\mathrm{d}t}$ 又可写成 ε，即为潜水蒸发强度。

　　为了计算浅层地下水的极限蒸发埋深，需要在没有降水发生的地下水波动曲线上识别三个时间点（图 7-14），并分别获取各点的坡度和地下水埋深。

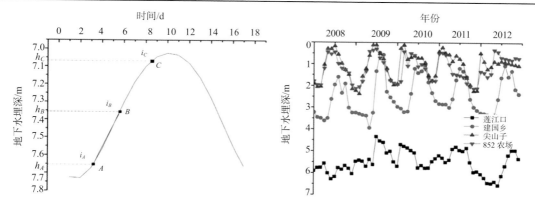

图7-14　（左）浅层地下水深度波动曲线的示意图，i 和 h 分别为各点的斜率和地下水埋深；
（右）三江平原四个代表井的浅层地下水埋深

（二）结果分析

　　将整理的 102 眼监测井(图 7-15)按照以上的计算过程，分别计算各个采样点所处位置的极限蒸发深度。按行政区划列表的计算结果见表 7-9。

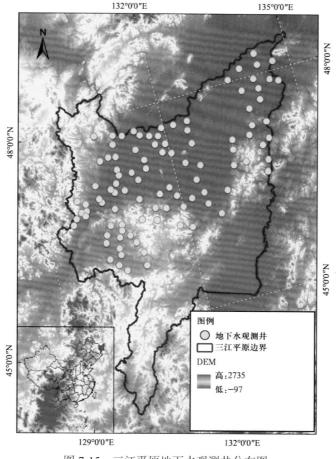

图7-15　三江平原地下水观测井分布图

表 7-9　三江平原地下水极限蒸发埋深

县市	井号	极限埋深/m	县市	井号	极限埋深/m
抚远县	10178180	10.49	桦川县	10779040	7.82
	10178080	6.19	绥滨县	10779531	6.98
	10500400	9.48		10100140	9.08
	10178060	10.61		10779550	7.02
	10178090	18.52		10779570	7.68
	10178110	22.36		10779580	8.50
	10178140	10.61		10779540	8.36
	10178100	8.13		10779520	9.01
	10178170	12.53		10779650	9.10
饶河县	10561040	9.82	萝北县	10471050	9.09
	10561040	8.37		10471120	6.61
	10561110	7.56		10471030	7.23
	110561080	8.60		10471100	8.60
	10500020	8.23		10471080	9.23
	10561190	9.30		11100540	8.70
	10561220	9.56	佳木斯市	10778430	7.80
	10561230	9.70		10700120	9.33
宝清县	10573040	2.85		10778470	8.23
	10573140	1.66		10778040	8.56
	10573080	1.86		10778030	9.21
	10573060	1.92	汤原县	11165030	8.53
	10573010	1.76		11100520	6.56
	10573120	2.56		11165060	7.58
	10573110	2.30		11165090	8.52
	10573070	2.75		11165120	6.94
	10573200	2.86		11165080	7.82
富锦市	10577150	6.88		11165160	8.24
	10577110	7.53	同江市	10473100	7.81
	10577190	7.61		10473120	4.83
	10700151	7.20	桦南县	11100370	8.60
友谊县	575060	6.06		11100350	5.47
	10575030	9.50		11163050	4.35
双鸭山	11168020	4.79		11163070	3.47
	11168040	3.58		11163080	3.86
	11168030	2.22		11163090	4.26
集贤县	11100592	18.92		11163110	5.37
	11169010	10.67		11163100	5.53
桦川县	10779050	9.27	勃利县	11162020	5.32
	10779030	4.93		11162040	8.93
	10779020	8.6		11162030	6.45
	10779070	5.23		11162010	7.38
	10779060	6.47	七台河市	11100290	1.42

（三）三江平原地下水适宜水位阈值识别

1. 地下水适宜水位下限阈值空间分布

根据三江平原浅层地下水的动态观测资料，分析确定了不同采样点上的极限蒸发深度，利用 Simple Kriging 地学统计方法来求取研究区地下水适宜水位的下限阈值的分布图（图7-16）。从图 7-16 中可以发现生态水位下限阈值较高的区域主要分布于抚远县一带，在佳木斯以及汤原县有零星分布，这些区域地下水开采具有较大的下限阈值（Wang 等，2015）。

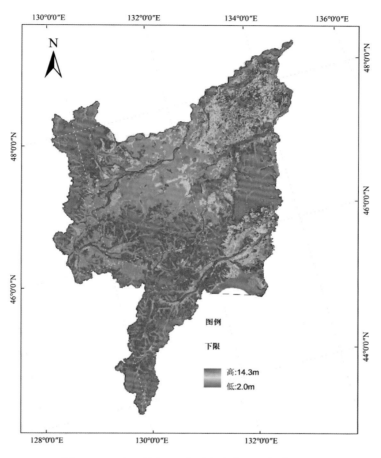

图 7-16　三江平原地下水适宜水位下限阈值分布

2. 地下水适宜水位上限阈值的确定

地下水适宜水位的上限阈值是防止地下水埋藏过浅导致盐分上移对地表植被造成影响，又同时维持植物正常生长的最浅地下水位埋深，所以用毛细上升高度与植物根系之和作为地下水适宜水位的上限值。

（1）野外调查。2013 年 10 月 14—28 日开展了野外现场调查采样，确定 18 个采样点（每个地点取 3 个点，进行混合）（图 7-17），对地表面以下的深 1.5m 土壤剖面进行分层采样，并对采样点周边典型植被的根系层厚度进行了调查。

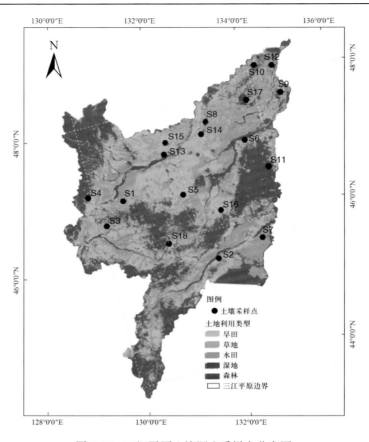

图 7-17　三江平原土壤调查采样点分布图

（2）毛细上升高度实验。毛细上升高度主要采用竖管法（又称直接观测法）进行确定。实验采用如图 7-18 所示装置，实验装置主要有支架、托盘以及玻璃管。玻璃管内径 20mm，长 160cm，玻璃管外壁有长度刻度，分度值 0.1cm，零点在下端，底部用金属网包住。

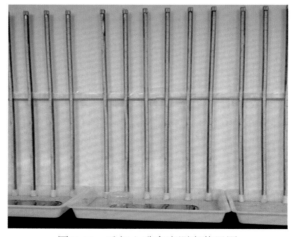

图 7-18　毛细上升高度测定装置图

本次实验共设置 18 组实验装置。　实验操作步骤如下：

1）研磨土样。将野外采集的土样放在阴凉处自然风干，并进行研磨，过 2mm 的筛子，并进行分层装袋。

2）装土样。先在玻璃管底部装入颗粒直径达 5mm 的石英砂。根据不同深度层的土壤样品的容重称取土壤，放到 150cm 长玻璃管内，借漏斗分层装入玻璃管中，实际中处于下层的土样装在玻璃管下层。

3）注水。装完土样后，将玻璃管垂直放入托盘中并固定好，然后在托盘中加入水，水面高出石英砂 0.5cm，在整个实验过程中需要保持水面不变。

4）观测与记录。在加水之后，分别记录经过 1min、2min、3min、4min、5min、10min、30min、60min、120min、0.5d、1d 的时间点上的水分上升的高度，直到不再上升。

经过 15d 的观测后，获得了各个玻璃管内的毛细上升高度如图 7-19 所示。

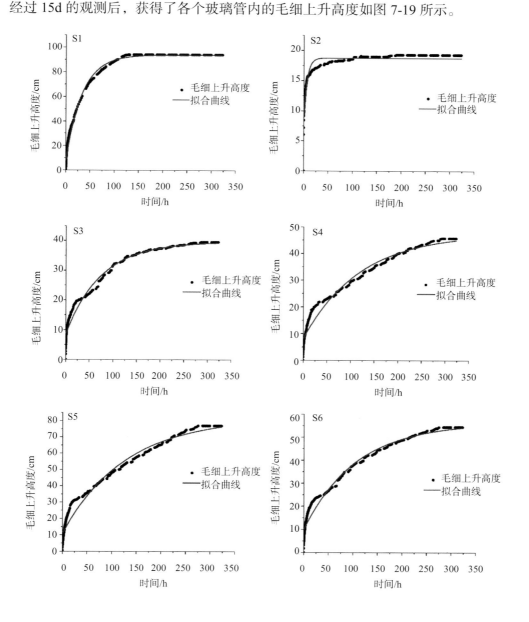

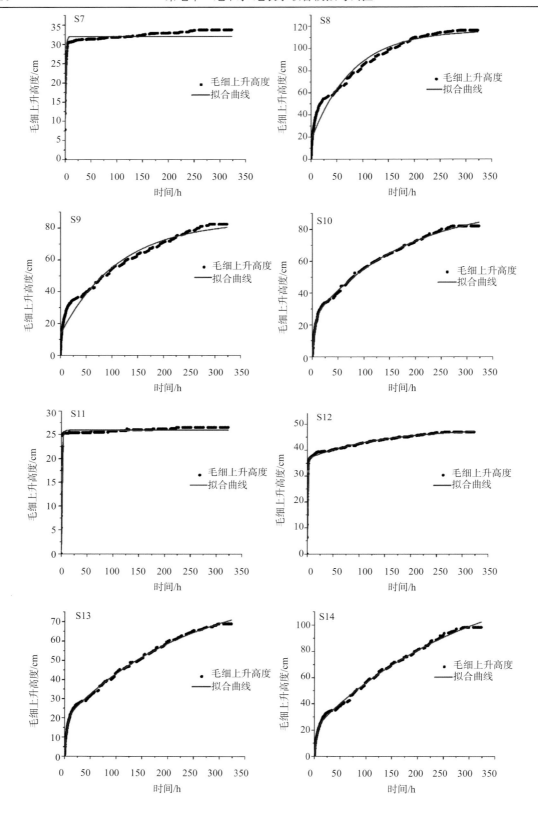

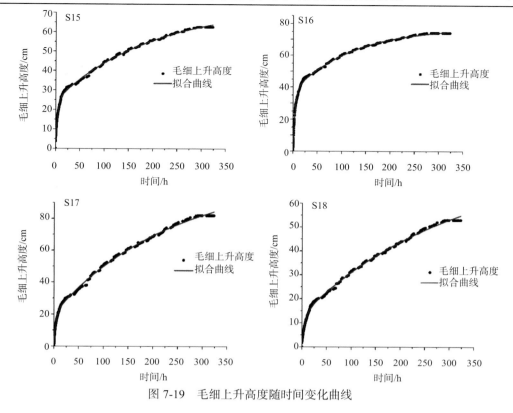

图 7-19 毛细上升高度随时间变化曲线

从图 7-19 可以看出，不同区域的毛细上升高度在实验开始的初期（3～5d 内）都呈现迅速上升的趋势，然后上升高度开始稳定增加。同时取稳定上升之后的毛细上升高度计算不同玻璃管中毛细上升速率（Wang et al.，2015）。

从图 7-20 中可以看出不同区域的土壤的上升速率与时间呈幂指数关系，利用趋势分析方法可得到其拟合曲线，拟合度都在 0.9 以上，因此利用拟合曲线预估土壤毛细上升速率随时间的变化具有可行性。当上升速率小于 0.005cm/h 时认为达到毛细上升最大高度，由此计算得到各玻璃管中毛细上升最大高度（Wang et al.，2015）（表 7-10）。

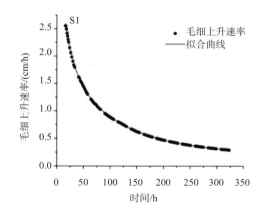

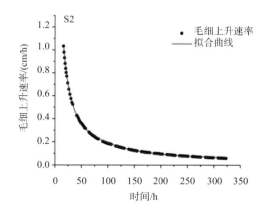

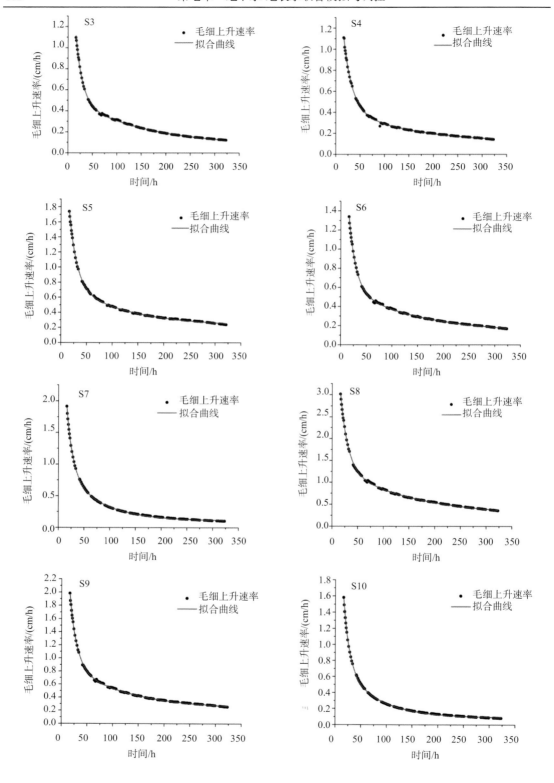

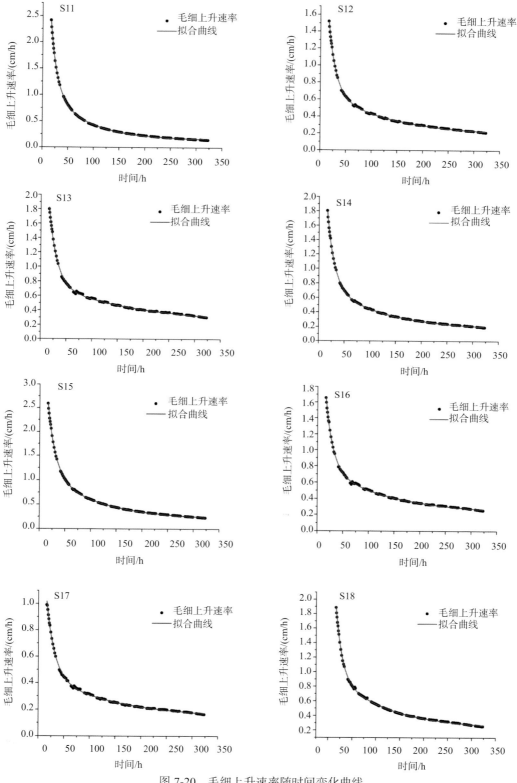

图 7-20　毛细上升速率随时间变化曲线

表 7-10　不同土壤类型下最大毛细上升高度值

代号	变量关系	拟合方程	拟合度	最大毛细上升高度/cm
1	h-t	$y=14.153\ln(x)+13.978$	$R^2=0.9051$	176.80
	v-t	$y=27.082x^{-0.764}$	$R^2=0.9825$	
2	h-t	$y=1.42\ln(x)+11.898$	$R^2=0.9744$	23.99
	v-t	$y=12.976x^{-0.924}$	$R^2=0.9995$	
3	h-t	$y=5.0915\ln(x)+7.6914$	$R^2=0.8948$	61.11
	v-t	$y=7.3382x^{-0.696}$	$R^2=0.993$	
4	h-t	$y=5.7629\ln(x)+5.8171$	$R^2=0.8591$	68.55
	v-t	$y=6.2311x^{-0.655}$	$R^2=0.9921$	
5	h-t	$y=10.105\ln(x)+6.7279$	$R^2=0.8477$	128.71
	v-t	$y=8.5344x^{-0.617}$	$R^2=0.9913$	
6	h-t	$y=7.3208\ln(x)+6.3176$	$R^2=0.8893$	89.37
	v-t	$y=7.1143x^{-0.64}$	$R^2=0.9941$	
7	h-t	$y=1.9782\ln(x)+23.331$	$R^2=0.8062$	40.97
	v-t	$y=27.691x^{-0.967}$	$R^2=0.9999$	
8	h-t	$y=16.815\ln(x)+10.936$	$R^2=0.9167$	217.71
	v-t	$y=18.127x^{-0.668}$	$R^2=0.9956$	
9	h-t	$y=11.108\ln(x)+7.3621$	$R^2=0.8959$	140.12
	v-t	$y=11.794\ln(x)+5.068$	$R^2=0.9003$	
10	h-t	$y=10.085x^{-0.63}$	$R^2=0.9967$	147.78
	v-t	$y=10.372x^{-0.639}$	$R^2=0.9943$	
11	h-t	$y=1.3546\ln(x)+19.87$	$R^2=0.641$	31.56
	v-t	$y=23.749x^{-0.981}$	$R^2=0.9999$	
12	h-t	$y=3.4666\ln(x)+27.556$	$R^2=0.9055$	60.26
	v-t	$y=30.547x^{-0.926}$	$R^2=0.9997$	
13	h-t	$y=9.5032\ln(x)+4.1629$	$R^2=0.8833$	117.74
	v-t	$y=7.3138x^{-0.609}$	$R^2=0.9928$	
14	h-t	$y=13.531\ln(x)+2.4436$	$R^2=0.8414$	184.16
	v-t	$y=6.9448x^{-0.539}$	$R^2=0.9829$	
15	h-t	$y=8.1193\ln(x)+9.6878$	$R^2=0.9263$	98.60
	v-t	$y=11.793x^{-0.709}$	$R^2=0.9966$	
16	h-t	$y=10.402\ln(x)+12.814$	$R^2=0.9696$	123.25
	v-t	$y=23.37x^{-0.795}$	$R^2=0.9994$	
17	h-t	$y=11.271\ln(x)+4.0682$	$R^2=0.8676$	145.83
	v-t	$y=7.3882x^{-0.58}$	$R^2=0.9922$	
18	h-t	$y=7.2199\ln(x)+1.981$	$R^2=0.8466$	88.03
	v-t	$y=4.384x^{-0.568}$	$R^2=0.9902$	

（3）植物根系层厚度。根据 2013 年 10 月对三江平原采样点植物根系调查，同时参考了《中国北方草本植物根系》确定了三江平原草本植物的根系层厚度，三江平原疏林地主要植被为浅根系木本植被，目前暂无各树种根系长度详细参考数据，因此采用浅根系木本植物根系长度经验数据，水体和沼泽一般为水生植物，不考虑地下水适宜水位阈值问题。部分根系长度数据见表 7-11。

表 7-11　主要植物根系长度

土地利用类型	主要植物	根系长度/cm
水田	水稻	20
旱田	玉米	40
旱田	大豆	20
草甸	牡蒿	10
草甸	狗尾草	30
疏林地	胡枝子	150
疏林地	榛桑	180

根据三江平原不同土地利用类型中主要植物根系深度的数据，选取各类植物中保证植物根系发育占总量 80%以上的深度作为该植被类型植物根系发育层深度（表 7-12）。

表 7-12　植被根系发育层厚度

土地利用类型	水田	旱地	草地	疏林地	沼泽	水体
根系发育层厚度/cm	20	40	35	200	—	—

（4）地下水适宜水位上限。根据所获得不同区域毛细上升高度以及对应的植物根系层厚度，相加得到三江平原地下水适宜水位的上限阈值（表 7-13）。

表 7-13　地下水适宜水位上限计算

编号	土地利用类型	最大毛细上升高度/cm	植被根系层厚度/cm	适宜水位上限阈值/cm
1	旱田	176.80	40	216.80
2	沼泽	23.99	—	23.99
3	旱田	61.11	40	101.11
4	水田	68.55	20	88.55
5	沼泽	128.71	—	128.71
6	沼泽	89.37	—	89.37
7	草甸	40.97	35	75.97
8	旱田	217.71	40	257.71
9	旱田	140.12	40	180.12
10	草甸	147.78	35	182.78
11	沼泽	31.56	—	31.56
12	草甸	60.26	35	95.26
13	水田	117.74	20	137.74
14	水田	184.16	20	204.16
15	水田	98.60	20	118.60
16	旱田	123.25	40	163.25
17	疏林地	145.83	200	345.83
18	沼泽	88.03	—	88.03

　　利用地学统计方法 Kriging 法，在空间上进行插值，获得三江平原地下水适宜水位上限的等值线图（图 7-21），最终获得三江平原地下水适宜水位的上下限范围图（图 7-22），可以看出，北部建三江分局以及东北部的牡丹江分局所在地区，地下水具有很大的开采潜力。同时，根据已经求得的地下水适宜水位范围利用 EVNI 模型中的 Con（x）函数对 2013 年的三江平原地下水状况就行评估（图 7-23），地下水位高于适宜水位上限的地区则属于过剩区，地下水位低于适宜水位下限的地区属于亏缺区，地下水位处于适宜水位上下限之间的地区则属于适宜区。从表 7-14 和图 7-24 可以看出，23.3%的区域地下水处于适宜水位之外，也说明三江平原近年来大量开采地下水导致的水位迅速下降，而这些超出地下水适宜水位的地区也正是大型农场的所在地，由于大规模的长期开采地下水进行灌溉水稻田，导致地下水位持续下降，而补给速率又难以赶得上开采的速率，该区的地下水位已经超过了适宜水位，如果长期得不到有效补给，势必会对地表生态造成影响（Wang et al.，2015）。因此进行地下水的适宜水位研究非常必要，地下水适宜水位的研究将为地下水-地表水联合调控方案提供有效的约束条件，在对三江平原地下水资源总量评估的同时，兼顾空间上的局部超采现象而导致的地下水位严重下降的事实，既能在总量上控制地下水的开采红线，又能从空间分布上加以限制，达到全面调控地下水的合理的水位范围，确保三江平原的生态安全。

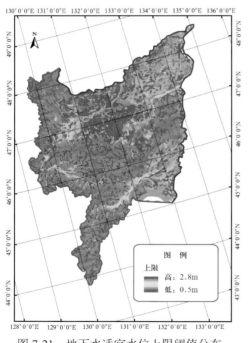

图 7-21　地下水适宜水位上限阈值分布

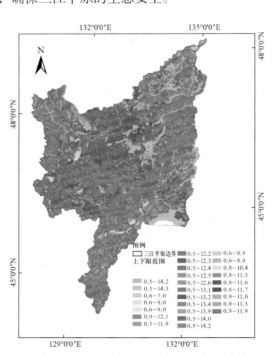

图 7-22　地下水适宜水位上下限阈值分布

表 7-14　三江平原地下水适宜性分区

序号	区域	面积/万 km²	比例/%
1	过剩区	1.22	11.2
2	适宜区	7.14	65.5
3	亏缺区	2.54	23.3

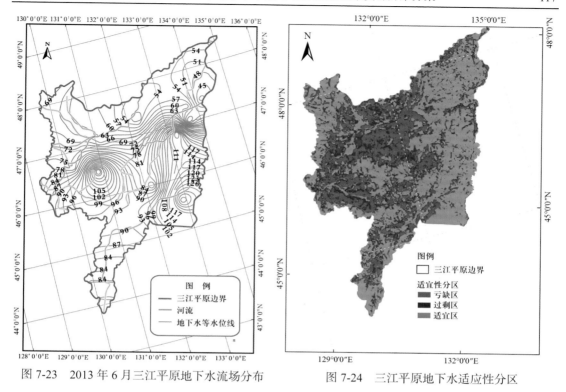

图 7-23　2013 年 6 月三江平原地下水流场分布　　　图 7-24　三江平原地下水适应性分区

二、基于水田开发规模的地下水–地表水合理开采方案

（一）地下水-地表水联合调控方案设置

　　针对三江平原地表水资源利用不均衡、地下水位持续下降和生态环境问题等，根据区域水文气象特征、地表水可利用量和地下水可开采量等水文水资源条件，依据灌溉农业发展规划、生态功能区化和社会经济发展规划对水资源的需求情况，设置三种不同地下水-地表水开发方案，按照丰（降水保证率 $P=25\%$）、平（降水保证率 $P=50\%$）、枯（降水保证率 $P=25\%$）水文年对三江平原 2013—2030 年的地下水资源系统进行预测，以水资源可利用量和地下水适宜水位双控制为约束条件，进而获得三江平原合理的水资源开发利用方案，为面向粮食生产和生态保护的三江平原水资源综合管理等提供决策指导。

　　方案一：以三江平原水资源 2012 年现状年实际开采量为开采方案，地下水开采量 57.2 亿 m^3，地表水开采量 18.3 亿 m^3（其中社会经济用水占 15%，农业灌溉用水占 85%），预测 2013—2030 年地下水流场，其他源汇项分别按照丰、平、枯水文年计算。

　　方案二：三江平原以地下水可开采量（46.54 亿 m^3）、地表水可利用量（47.14 亿 m^3，其中社会经济用水占 15%，农业灌溉用水占 85%）作为开采量。地表水灌溉入渗补给量相应增加，预测 2013—2030 年地下水流场，其他源汇项按照丰、平、枯水文年计算，并以三江平原地下水适宜水位为限制条件调控地下水、地表水开采量，使得地下水位处于地下水适宜水位范围内。

方案三：根据三江平原最大可种植水稻田面积（4000 万亩），以水稻田灌溉定额 420 m³/亩计算，并考虑农田灌溉用水占 85%，所需的水资源总量为 197.65 亿 m³，其中以丰、平、枯水文年地下水可开采量作为地下水开采量，区内地表水开采量为地表水可利用量 47.14 亿 m³，缺口引用国际界河水资源。地表水灌溉入渗补给量相应增加，预测 2013—2030 年地下水流场，其他源汇项按照丰、平、枯水文年计算，并以三江平原地下水适宜水位为限制条件调控地下水、地表水开采量，使得地下水位处于地下水适宜水位范围内。

（二）方案一结果与分析

方案一结果显示，维持现有开采量开采的条件下，三江平原处于负均衡状态，从 2013 年到 2030 年，在丰水年（降水保证率为 25%），平水年（降水保证率为 50%）及枯水年（降水保证率为 75%）地下水储存量分别减少了 38.30 亿 m³、53.98 亿 m³、64.84 亿 m³（Wang et al.，2015b）（表 7-15 和图 7-25、图 7-27、图 7-29）。总体来讲，如果按照现在的开采方案进行下去，无论丰水年、平水年或者枯水年，三江平原地下水将会持续的下降，地下水都处于负均衡状态。选取三江平原地下水全部低于适宜水位下限的建三江洪河农场观测井（图 3-11），可以得出，按目前开采情况进行开采，在丰水年，三江平原地下水位在 2028 年将会全部低于地下水适宜水位（图 7-26）；在平水年，三江平原地下水位在 2023 年将会全部低于地下水适宜水位（图 7-28）；在枯水年，三江平原地下水位在 2019 年将会全部低于地下水适宜水位（图 7-30）；即如果不改变开采方案，三江平原的地下水将会出现严重的超采现象，对区域生态环境与农业可持续的发展都有重要的影响。

表 7-15   不同方案下的地下水含水层储量的变化量

方案	降水保证率/%	含水层储水量变化/亿 m³
方案一	25	−38.3
	50	−53.98
	75	−64.84
方案二	25	18.36
	50	6.23
	75	−5.72
方案三	25	22.61
	50	11.2
	75	4.77

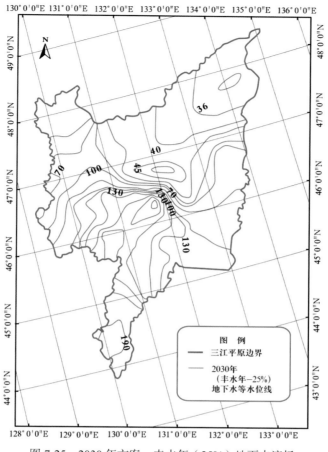

图 7-25　2030 年方案一丰水年（25%）地下水流场

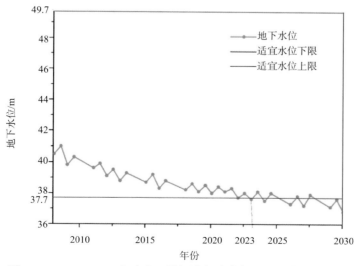

图 7-26　2008—2030 年方案一洪河农场丰水年的地下水位和适宜水位

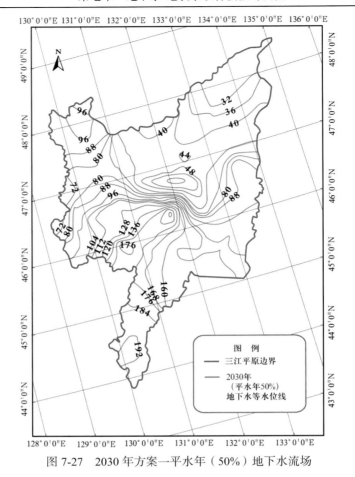

图 7-27　2030 年方案一平水年（50%）地下水流场

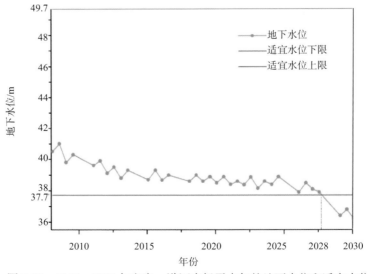

图 7-28　2008—2030 年方案一洪河农场平水年的地下水位和适宜水位

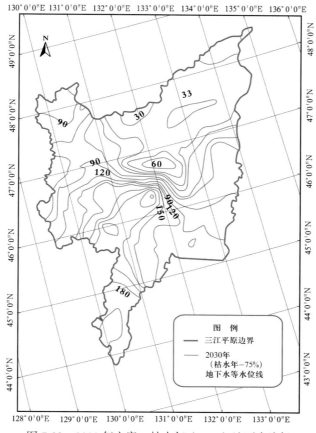

图 7-29　2030 年方案一枯水年（75%）地下水流场

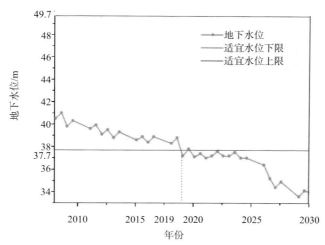

图 7-30　2008—2030 年方案一洪河农场枯水年的地下水位和适宜水位

（三）方案二结果与分析

方案二结果显示，在以三江平原地下水可开采量和地表水可利用量进行开采的条件下，从 2013 年到 2030 年，在丰水年（降水保证率为 25%），平水年（降水保证率为

50%）地下水储存量分别增加了 18.36 亿 m³ 和 6.23 亿 m³，在枯水年（降水保证率为 75%）地下水储存量减少了 5.72 亿 m³（Wang et al., 2015b）（表 7-16 和图 7-31、图 7-33、图 7-35）。

在地下水适宜水位限制条件下，不断调试地下水和地表水开采量，使得地下水位处于适宜水位区间（图 7-32、图 7-34 和图 7-36）。最后得出不同水文年在地下水适宜范围内的地下水和地表水开采量（表 7-16）。根据《黑龙江省地方标准-用水定额》可知三江平原水田常规灌溉灌水定额为 420m³/亩，节水灌溉定额为 250m³/亩。由此可以得出，按照地下水可开采量和地表水可利用量进行开采，丰、平、枯水年在节水条件下（250 m³/亩）可支撑最大水稻田面积分别为 3301.4 万亩、3185.12 万亩、3106.92 万亩；常规灌溉下（420 m³/亩）可支撑最大水稻田面积分别为 1965.12 万亩、1895.90 万亩和 1849.36 万亩（Wang et al., 2015b）。

表 7-16　方案二地下水和地表水可支撑最大水田规模

降水保证率/%	合理开采水资源量/亿 m³		节水灌溉/万亩			常规灌溉/万亩		
	地下水开采量	地表水利用量	地下水开发面积	地表水开发面积	合计	地下水开发面积	地表水开发面积	合计
25	53.61	43.49	1822.74	1478.66	3301.40	1084.96	880.15	1965.12
50	48.64	45.04	1653.76	1531.36	3185.12	984.38	911.52	1895.90
75	46.34	45.04	1575.56	1531.36	3106.92	937.83	911.52	1849.36

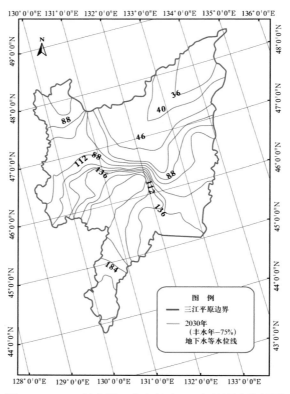

图 7-31　2030 年方案二丰水年（25%）地下水流场图

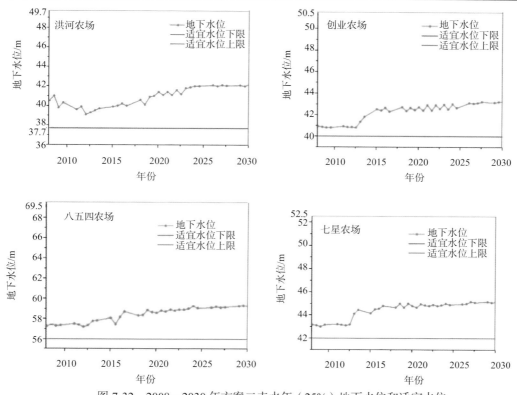

图 7-32　2008—2030 年方案二丰水年（25%）地下水位和适宜水位

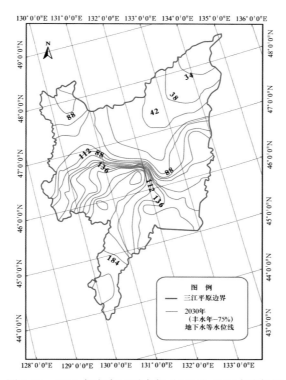

图 7-33　2030 年方案二平水年（50%）地下水流场图

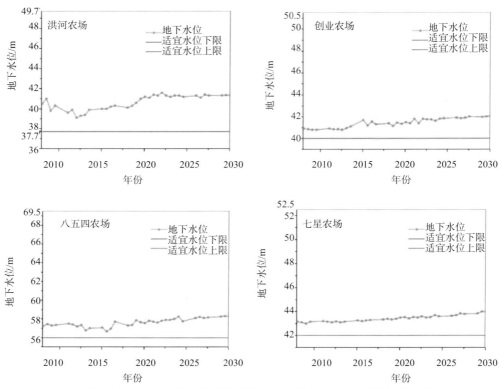

图 7-34   2008—2030 年方案二平水年（50%）地下水位和适宜水位

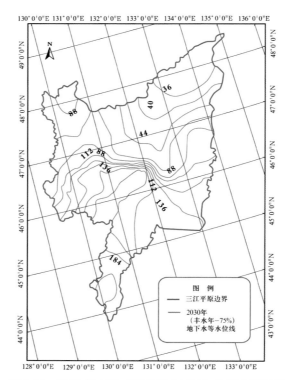

图 7-35   2030 年方案二平水年（75%）地下水流场图

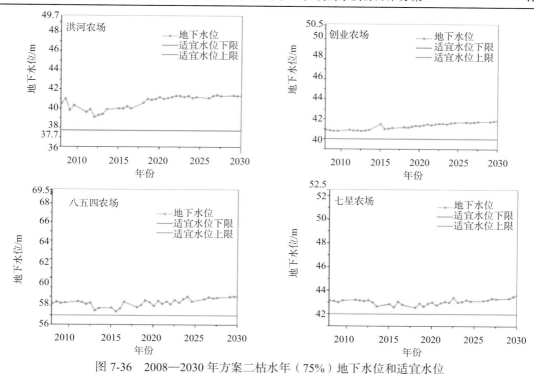

图 7-36 2008—2030 年方案二枯水年（75%）地下水位和适宜水位

（四）方案三结果与分析

在三江平原种植最大的水田面积 4000 万亩的情况下，引用国际界河的水资源，结合三江平原的地下水可开采量和地表水可利用量，进行模拟分析，并采用地下水适宜水位进行控制，不断调试水资源量，使地下水位达到适宜水位区间（表 7-17、图 7-37、图 7-39 和图 7-41），最后确定了在灌溉 4000 万亩水田情况下的丰、平、枯水年的不同的地下水开采量和地表水利用量。从 2013 年到 2030 年，在丰水年（降水保证率为 25%）、平水年（降水保证率为 50%）和枯水年（降水保证率为 75%）地下水储存量分别增加了 22.61 亿 m^3、11.20 亿 m^3 和 4.77 亿 m^3（表 7-17 和图 7-38、图 7-40、图 7-42）。在适宜水位限制条件下，丰水年灌溉 4000 万亩水田需要开采地下水 65.01 亿 m^3，引用地表水 86.10 亿 m^3（其中区内地表水可利用量 47.14 亿 m^3，需引国际界河水量为 38.96 亿 m^3）；平水年灌溉 4000 万亩水田需要开采地下水 58.46 亿 m^3，引用地表水 92.65 亿 m^3（其中区内地表水可利用量 47.14 亿 m^3，需引国际界河水量为 45.51 亿 m^3）；枯水年灌溉 4000 万亩水田需要开采地下水为 50.35 亿 m^3，引用地表水 100.76 亿 m^3（其中区内地表水可利用量 47.14 亿 m^3，需引国际界河水量为 53.62 亿 m^3）（Wang et al.，2015b）（表 7-9）。

表 7-17 方案三灌溉 4000 万亩水田的地下水和地表水开采量

降水保证率 /%	合理开采水资源量/亿 m^3		需引国际界河水量/亿 m^3
	地下水开采量	地表水利用量	
25	65.01	86.10	38.96
50	58.46	92.65	45.51
75	50.35	100.76	53.62

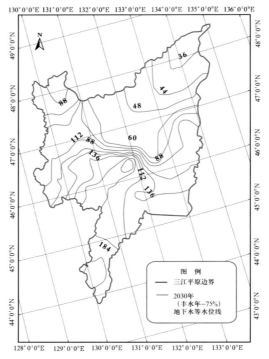

图 7-37   2030 年方案三丰水年（25%）地下水流场

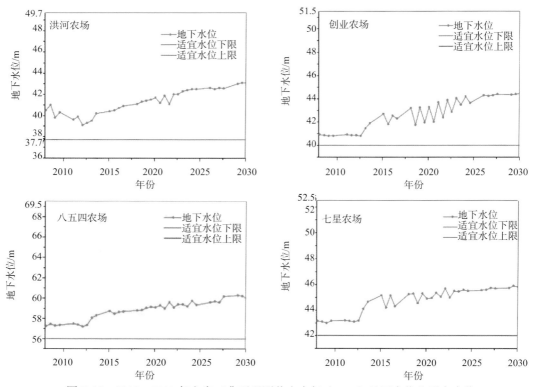

图 7-38   2008—2030 年方案三典型观测井丰水年（25%）地下水位和适宜水位

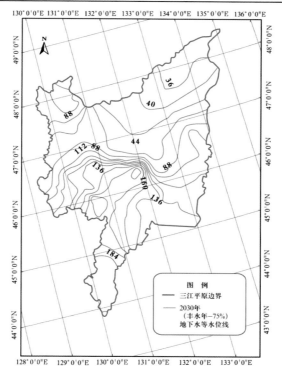

图 7-39　2030 年方案三平水年（50%）地下水流场

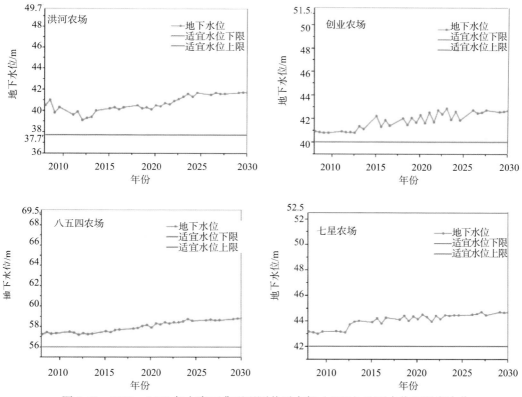

图 7-40　2008—2030 年方案三典型观测井平水年（50%）地下水位和适宜水位

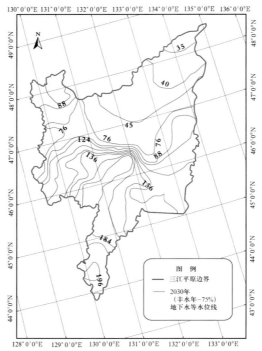

图 7-41　2030 年方案三枯水年（75%）地下水流场

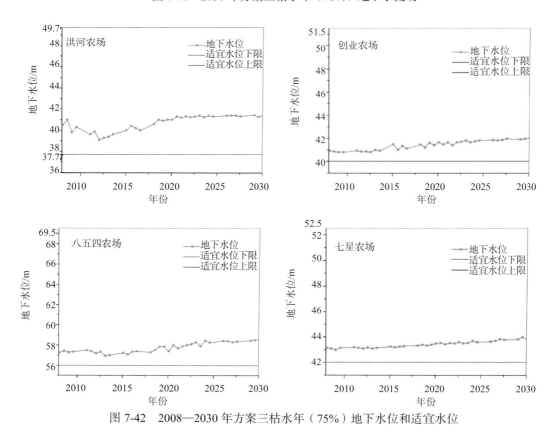

图 7-42　2008—2030 年方案三枯水年（75%）地下水位和适宜水位

参考文献

Fries，N.；Dreyer，M. The transition from inertial to viscous flow in capillary rise[J]. J. Colloid Interface Sci. 2008，327: 125–128.

Lago，M.；Araujo，M. Capillary rise in porous media[J]. Journal of Colloid and Interface Science. 2001，234:35-43.

McDonald M C and Harbaugh A W. MODFLOW，A modular three-dimensional finite difference groundwater flow model. Techniques of Water-Resources Investigations [D]，book 6，chap. A1: 586 p，U.S. Geological Survey，1988.

Rengasamy，P.；Chittleborough，D.；Helyar，K. Root-Zone constraints and plant-based solutions for dryland salinity[J]. Plant Soil，2003，257:249-260.

Sorenson，S.K.；Dileanis，P.D.；Branson，F.A. Soil Water and Vegetation Responses to Precipitation and Changes in Depth to Ground Water in Owens Valley [D]，USGS: Denwer，CA，USA，1991.

Xihua Wang，Guangxin Zhang，Y. Jun Xu. Identifying the regional-scale groundwater-surface water interaction on the Sanjiang Plain，Northeast China. Enironmental Science and Pollution Research [J]. 2015，22: 16951-16961.

Xihua Wang，Guangxin Zhang，Y. Jun Xu. Defining an ecologically ideal shallow groundwater depth for regional sustainable management: Conceptual development and Case study on the Sanjiang Plain，Northeast China [J]. Water，2015a，7：3997-4025.

Xihua Wang，Guangxin Zhang，Y. Jun Xu. Groundwater and Surface Water Availability via a Joint Simulation with a Double Control of Water Quantity and Ecologically Ideal Shallow Groundwater Depth: A Case Study on the Sanjiang Plain，Northeast China [J]. Water，2015b，8(9):396.

林岚，梁团豪，王晓昕. 采用 WetSpass 模型评价松嫩平原盆地降水入渗补给量[J]. 东北水利水电，2010，5:15-20.

周宇渤. 三江平原地下水循环环境演化研究[D]. 长春：吉林大学，2011.

赵海清. 松嫩平原西部生态水位研究[D]. 北京：中国地质大学出版社，2008.

第八章　基于地下水-地表水联合调控的流域水资源优化配置

科学进行地下水-地表水联合调控,提高水资源利用效率是解决水资源短缺和维护良好生态环境的重要途径和措施。本章选取三江平原挠力河流域为研究区,开展了地下水-地表水联合调控与优化配置研究。首先,构建了地下水-地表水联合模拟模型,预估了未来气候变化 RCP4.5 和 RCP8.5 两种情景下 2021—2050 年挠力河流域水资源量;其次,结合未来需水量和流域现有的水利工程以及未来的发展规划,以流域缺水量最小为优化目标,构建了流域水资源优化配置模型,提出了多情景、多水源、多目标水资源优化配置方案。

第一节　研究区概况

一、研究区位置

挠力河流域位于三江平原的腹地,地处东经 131°31′~134°10′,北纬 45°43′~47°45′,是乌苏里江中国境内的一级支流,东南部以完达山为界,向东与乌苏里江连接,河流全长 596km,流域总面积为 2.42 万 km²,其中山地占总面积的 38.3%,主要分布于流域西南部和南部,平原占总面积的 61.7%,主要分布于流域北部和中部(图 8-1)。

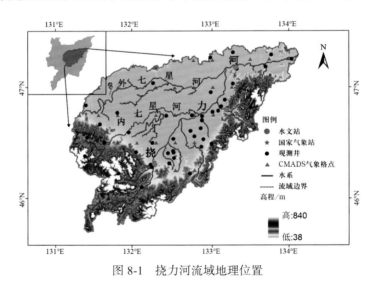

图 8-1　挠力河流域地理位置

二、河流水系

挠力河是乌苏里江在中国境内的主要支流,自西南流向东北。河流右岸主要有支流大、小索伦河、蛤蟆通河、清河、七里沁河、大、小佳河;河流左岸主要发育有支流内七星河和外七星河。河流汇入平原之后弯曲系数一般在 1.8 以上，局部河段达到 3 左右，河道坡降变化较大，挠力河上游 1/200~1/800，中游平地 1/4000~1/15000，下游坡降 1/8000。挠力河干流发源于七台河市完达山北坡，汇入乌苏里江；内七星河发源于双鸭山市七星褶子山，后经过七星河湿地保护区汇入挠力河干流；外七星河发源于完达山北麓的双鸭山，于菜嘴子断面以上 4km 处汇入挠力河。

三、社会经济

行政区划：包括宝清县、友谊县全部和饶河县、富锦市和七台河市的部分，以及红兴隆管理局、建三江管理局和牡丹江分局的部分农场。

耕地面积：根据 2013 年遥感影像提取结果，流域耕地面积 2042.80 万亩，其中水田 632.80 万亩，旱田 1410 万亩。

流域人口：2015 年流域总人口 121 万人，其中城镇人口 54.79 万，占总人口的 45.28%，农村人口 66.21 万，占总人口的 54.72%。

牲畜数量：流域共有总牲畜数量 195.53 万头（只），其中大牲畜（牛、马、驴、骡等）22.35 万头，小牲畜/家禽（猪、羊、鸡、鸭、鹅等）173.18 万头（只）。

工业生产总值：2015 年全流域工业生产总值为 63.29 亿元，其中，宝清县的工业生产总值为 56.10 亿元，友谊县为 7.19 亿元。

四、土地利用类型

挠力河流域的主要土地利用类型有耕地（旱田与水田）、林地、草地、湿地等。流域现有耕地面积 1.36 万 km^2，其中水田 0.42 万 km^2，旱田 0.94 万 km^2，主要分布于流域平原和山区河漫滩地带；湿地面积 0.24 万 km^2，主要分布于流域中游和下游的平原和河漫滩两侧；森林面积 0.61 万 km^2，主要分布于流域的山区地带；草地面积 0.11 万 km^2，主要分布于流域的平原和平原与山区的交界处，以及其他用地 0.1 万 km^2，零星分布于流域之内（图 8-2）。

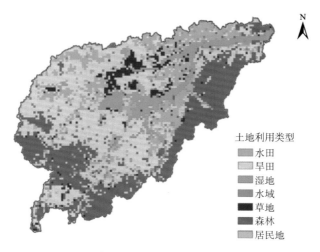

图 8-2　挠力河流域土地利用图（2013 年）

五、地形地貌

挠力河流域南部为山区，高程一般为 200～845m，北部为平原，高程为 38～100m，地形自西南倾斜于东北。由于挠力河沿岸新构造运动的作用，但坡度很小，挠力河下切，发育了挠力河一级阶地，但坡度很小，地势低平，并有碟形洼地、线形洼地分布，形成岗洼相间、微波状起伏的地貌形态，地形比降在 1/4000~1/10000 之间。上游山区的坡降一般在 1/200~1/800；中游宝清至刘福亮子的坡降为 1/1600；刘福亮子至炮台亮子的坡降为 1/4000~1/10000；炮台亮子至菜嘴子的坡降为 1/12000~1/15000。菜嘴子至河口的平均坡降为 1/8100。河道主槽严重弯曲，水力坡降很缓，一般为 1/15000~1/37000。根据地面高程，挠力河流域地形分区如图 8-3 所示。

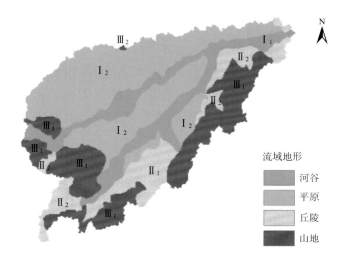

图 8-3　挠力河流域地形分区

挠力河流域主要地形分为：低漫滩、一级阶地、山前台地、玄武岩台地、低山丘陵和残丘六种形态，见表 8-1。

表 8-1　挠力河流域地形分类和分布

代号	形态单元	分布	高程/m
I₁	低漫滩	河流沿岸	45~60
I₂	一级阶地	流域大部分平原地区	60~100
II₁	山前台地	呈条带状断续分布在挠力河流域边缘的山前斜坡地带，坡面向漫滩缓倾，坡度在 5~10°	100~200
II₂	玄武岩台地	挠力河流域东南部山区及宝清县挠力河右岸，台面平坦	200~300
III₁	低山丘陵	挠力河流域的西南和南部	300~845
III₂	残(山)丘	挠力河流域平原之上	400~466

六、水资源开发利用现状

（一）水资源概况

挠力河流域水资源总量为 35.24 亿 m³，其中多年平均径流量为 23.51 亿 m³，多年平均地下水资源量为 16.91 亿 m^3，地下水与地表水重复量为 5.18 亿 m^3（付强 等，2016），见表 8-2。

表 8-2　挠力河流域多年平均水资源量　　　　　　　　　单位：亿 m^3

地表水径流量	地下水资源量			地下水可开采量	重复量	水资源总量
	山区	平原区	总量			
23.51	5.14	12.51	16.91	13.53	5.18	35.24

（二）供水工程概况

1. 现状供水工程

目前，挠力河流域共有水库 40 余座，总库容约 9.14 亿 m^3，兴利库容 4.92 亿 m^3。其中，大型水库 2 座，龙头桥水库和蛤蟆通水库，总库容 7.66 亿 m^3，兴利库容 4.02 亿 m^3；中型水库 3 座，清河水库、大索伦水库和小索伦水库，总库容 0.42 亿 m^3，兴利库容 0.23 亿 m^3；其余为小型水库，总库容 1.06 亿 m^3，兴利库容 0.68 亿 m^3。另有一些河道引提水工程。

地下水供水工程共有生产井 23263 眼，配套的机电井 22414 眼。其中浅层配套机电井 22466 眼、深层配套机电井 797 眼（吴昌友，2011）。

2. 未来供水工程

未来规划修建"引松补挠"工程，即引松花江水补给挠力河流域，引松干渠由松花江悦来航电枢纽工程上游取水后贯穿三江平原腹地，连通两江（松花江和乌苏里江）、两河（七星河和挠力河河）构成区域供水和排水结合的河网系统。工程实施后，主要为流域灌区灌溉供水和湿地生态补水（付强 等，2016）。受水灌区包括集贤灌区、友谊灌区、永久灌区、富锦灌区、五九七灌区、宝清灌区、龙头桥灌区、八五二灌区、小索伦灌区、大索伦灌区、蛤蟆通灌区、八五三灌区、雁窝西灌区、雁窝东灌区、清河灌区、红岩灌区、红旗灌区、红旗岭灌区、大兴灌区；湿地包括七星河湿地和挠力河湿地。

3. 水资源开发利用现状

随着社会经济的快速发展，挠力河流域水资源量需求逐渐加大，2015 年河道外地表水利用量为 4.03 亿 m^3，地下水开采量为 28.40 亿 m^3，共计开采量为 32.43 亿 m^3（表 8-3）。

表 8-3　挠力河流域水资源利用现状　　　　　　　　　单位：亿 m^3

生活用水量		工业用水量		农业灌溉用水量		总量		
地下水	地表水	地下水	地表水	地下水	地表水	地下水	地表水	合计
0.53	0.00	0.25	0.00	27.62	4.03	28.40	4.03	32.43

第二节　地下水-地表水联合模拟模型的构建

地下水-地表水联合模拟是预估气候变化情景下流域水资源量的重要基础工作之一，对流域水资源可持续开发利用至关重要（Bastola 等，2011）。而将陆地水文循环作为一个连续系统的地下水-地表水联合模拟模型是全面理解和表征流域地下水和地表水相互作用的重要工具（Ajami 等，2014）。首先，根据地下水位与河水水位弄清流域地下水与河水的转化关系，结合收集的水文、地质、气象等资料建立地下水-地表水联合模拟的概念模型，通过 SWAT-Modflow 软件求解，并采用实测河道径流和地下水位数据对模型进行率定和验证，确定模型参数，最终建立适用于挠力河流域的地下水-地表水联合模拟的水文模型，为未来气候变化情景下水资源预估提供基础支撑。

一、地下水–地表水联合模拟概念模型

（一）地表水文循环数学模型

地表水文循环部分基于以下的水量平衡方程（Arnold 等，1993）：

$$SW_t = SW_0 + \sum_{i=1}^{t} \left(P_{day} - Q_{surf} - E_a - W_{seep} - Q_{gw} \right) \tag{8-1}$$

式中：SW_t 为土壤最终含水量，mm；SW_0 为土壤前期含水量，mm；t 为时间步长，d；P_{day} 为第 i 天降水量，mm；Q_{surf} 为第 i 天的地表径流，mm；E_a 为第 i 天的蒸散发量，mm；W_{seep} 为第 i 天的土壤渗透量和侧流量，mm；Q_{gw} 为第 i 天的地下径流，mm。

（二）地下水流数学模型

1．边界概化

研究区东南、南、西南部为完达山分水岭，概化为隔水边界（零通量边界）；西北、北部及东北部均为地表流域分水岭，概化为隔水边界（二类边界）；流域内挠力河、内七星河、外七星河等与地下水存在水量交换，概化河流边界（一类边界），底部第四系底板概化为隔水边界（郭龙珠，2005；卢文喜 等，2007）。

2．地下水流数学模型

由于本章主要研究挠力河流域第四系潜水含水层，因此，将地下水水流数学模型概化为非均质、各向同性的二维地下水非稳定流，表达式如下：

$$\begin{cases} \dfrac{\partial}{\partial x}(K\dfrac{\partial h}{\partial x}) + \dfrac{\partial}{\partial y}(K\dfrac{\partial h}{\partial y}) + \varepsilon = S_s\dfrac{\partial h}{\partial t} & (x,y)\in\Omega, t\geq 0 \\[2mm] K(\dfrac{\partial h}{\partial x})^2 + K(\dfrac{\partial h}{\partial y})^2 - \dfrac{\partial h}{\partial x}(K+p) + \varepsilon = S_y\dfrac{\partial h}{\partial t} & (x,y)\in\Gamma_0, t\geq 0 \\[2mm] h(x,y,t)\big|_{\Gamma_1} = h_1(x,y,t) & (x,y)\in\Gamma_1, t\geq 0 \\[2mm] K\dfrac{\partial h}{\partial n}\bigg|_{\Gamma_2} = q(x,y,t) & (x,y)\in\Gamma_2, t\geq 0 \\[2mm] h(x,y,t)\big|_{t=0} = h_0(x,y,t) & (x,y)\in\Omega \end{cases} \tag{8-2}$$

式中：Ω 为模拟渗流区域，m²；（x，y）为空间位置坐标，m；Γ_0 为地下水的自由表面；Γ_1 为一类边界；Γ_2 为二类边界；t 为时间，d；q 为渗流区流量边界上的单位面积流量，(m³/d)/m；h_0 为初始地下水位，m；h_1 为河流水位，m；n 为边界的外法线方向；K 为渗透系数，m/d；S_s 为含水层的储水率，1/m；S_y 为潜水含水层在潜水面上的重力给水度；p 为潜水面单位时间单位面积补入或排泄的水，包括降水入渗和蒸发等；ε 为含水层的源汇项，1/d。

3．地下水-地表水交换数学模型

地下水-地表水相互作用模拟，主要根据达西定律，通过含水层与河道之间的横截面流动面积计算水体积流量，公式如下：

$$Q_{leak} = K_{bed}\left(L_{str}P_{str}\right)\left(\frac{h_{str} - h_{gw}}{z_{bed}}\right) \tag{8-3}$$

式中：K_{bed} 为河床渗透系数，m/d；L_{str} 为河道长度，m；P_{str} 为河道湿周，m；h_{str} 为河道水位，m；h_{gw} 为地下水位，m；z_{bed} 为河床的厚度，m。如果地下水补给河水（即地下水位高于河道水位）时，Q_{leak} 为负数；如果河道补给地下水（即，地下水位低于河道水位）时，Q_{leak} 为正数。

4．SWAT-Modflow 模型耦合原理

在耦合的模型中利用 SWAT 模拟地表水文过程，如地表产汇流和土壤水运动过程，而 MODFLOW 模拟地下水流量和所有相关的源和汇（例如补给、抽水、排水到排水沟以及与流网的相互作用），耦合模型流域水循环计算过程，如图 8-4 所示。绿色字体代表 SWAT 计算过程，紫色字体代表 Modflow 计算过程，黑色字体代表数据输入。

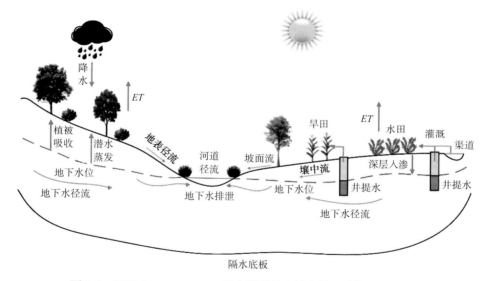

图 8-4　基于 SWAT-Modflow 耦合模型的流域水循环计算过程概念图

SWAT 模型和 Modflow 模型耦合的难点在于如何实现 SWAT 水文响应单元（HRUs）和 Modflow 网格（Cells）之间的对应关系（Bailey 等，2016）。由于 SWAT 水文响应单元缺乏空间位置信息，因此需先将 HRUs 拆分为具有特定地理位置的单个多边形（DHRUs）。然后将这些 DHRUs 与 Modflow 网格建立对应关系，以便在 SWAT 和 MODFLOW 之间传递变量。另外，Modflow 河流网格也被计算，以便 Modflow 计算的地下水排泄量返回到对应的子流域。图 8-5 展示了 SWAT HRUs 与 Modflow 网格二者之间在空间上的对应关系。图片上方四种颜色分别代表一个 HRU，对应图片下方展示了 Modflow 网格与 HRUs 的对应关系，通过这种空间上的对应关系，实现了 SWAT 与 Modflow 的耦合。

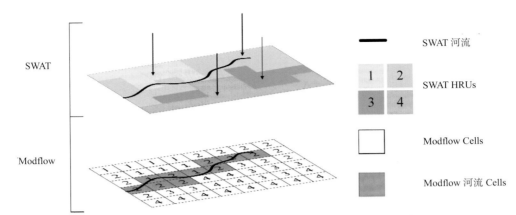

图 8-5　SWAT 水文响应单元与 Modflow 网格对应关系示意图

耦合的 SWAT-MODFLOW 模型的基本过程是通过 HRUs 计算的深层入渗（即离开土壤层底部的水）作为输入补给到 MODFLOW 的网格单元，然后通过 MODFLOW 计算的地下水径流，最后流向 SWAT 模型中的河道。通过这种方法，SWAT 可计算流向河流的地表径流和土壤侧向径流，MODFLOW 计算地下水向河流的排泄量，然后 SWAT 通过流域的河网汇总河道总径流。

图 8-6 总结了 SWAT-Modflow 模型的变量传递和输出过程。在读取 SWAT 和 Modflow 模型的输入数据后，模型将通过 SWAT HRUs 计算的地表水文过程把数据传递到 Modflow 网格，运行 Modflow，将数据传递到 SWAT，并通过流域的河网汇集水。数据在模型之间使用"映射"子程序，将 SWAT HRUs 与 Modflow 网格和 Modflow 河流网格关联到一起。这个映射方案的主要传输节点是 HRUs、分解的 HRUs（DHRUs）、Modflow 网格、Modflow 河流网格和 SWAT 流网。计算的 HRUs 的深层入渗（即降水补给）首先映射到每个单独的 DHRU，然后根据包含在网格单元内的 DHRU 的百分比区域映射到每个 MODFLOW 网格以供补给使用。SWAT 计算得到的每个子流域的河道深度被映射到子流域内的河道网格，供 Modflow River 包调用。然后，在 MODFLOW 中以网格为基础计算的地下水排放量被累加并且被添加到 SWAT 的每个子流域的入流流量中。然后 SWAT 完成每日的河道产汇流计算，直至模拟结束。每个 HRU、DHRU 和网格单元的关系以及每个子流域内包含的河道单元的列表在 SWAT-Modflow 模拟开始时被读入并存储在存储器中用于每个时间步骤的计算。

（三）地下水-地表水联合模拟模型数据库建立

构建基于 SWAT-Modflow 的地下水-地表水联合模拟模型需要大量数据，见表 8-4。根据模型的需要，不同数据输入格式不同，如 DEM、土地利用类型、土壤类型、含水层渗透系数、给水度、储水系数等需要为 Grid 格式的栅格数据；气象站、水文站、地下水监测站点、水库和河流水系等需为 shp 格式的矢量数据；而降水、最高气温、最低气温、相对湿度、太阳辐射、风速等则需要以 txt 格式文件存储（图 8-7）。

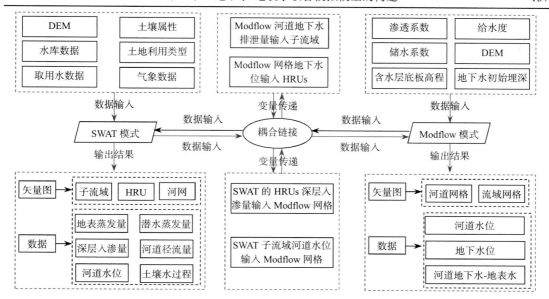

图 8-6　SWAT-Modflow 模型耦合基本原理示意图

表 8-4　模型中应用的数据来源及分辨率

数据类型	单位	来源	分辨率	用途
DEM	m	地理空间数据云	30×30	SWAT
土地利用类型	m	Lansat 8	30×30	SWAT
土壤类型	m	黑河数据中心	1:100 万	SWAT
气象数据	℃	黑河数据中心(Meng 等，2017)	1/3	SWAT
径流数据	m³/s	黑龙江省水文局	—	SWAT
水库	—	地方水务局	—	SWAT
取用水数据	—	地方水务局	—	SWAT
渗透系数	m/d	《黑龙江省三江平原地下水资源潜力与生态环境地质调查评价》	1:25 万	Modflow
给水度	—	同上	1:25 万	Modflow
含水层底板高程	m	同上	1:25 万	Modflow
储水系数	1/m	同上	1:25 万	Modflow
地下水位	m	地方水务局	-	Modflow

农业灌溉制度（表 8-5）、工业用水，生活用水和水库泄水数据等则需要在模型中手动输入。

表 8-5　挠力河流域农业灌溉制度

灌溉期		起止日期	灌溉天数/d	灌水定额/（m³/亩）
泡田期		5 月 5—24 日	20	98.0
生育期	移植返青	5 月 25—6 月 10 日	17	46.0
	分蘖前期	6 月 11—30 日	20	85.0
	分蘖中期	7 月 1—9 日	9	34.0
	分蘖后期	7 月 10—16 日	7	0.0
	拔节孕穗	7 月 17—31 日	15	53.5
	抽穗开花	8 月 1—10 日	10	50.3
	乳熟	8 月 11—27 日	17	58.2
合计		—	115	425.0

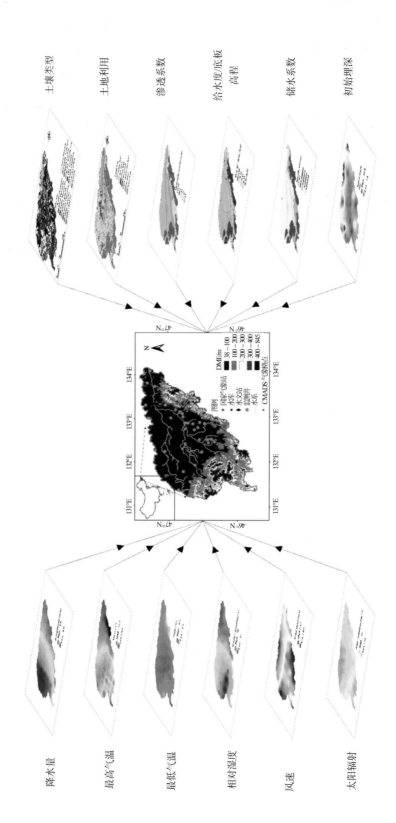

图 8-7　构建基于 SWAT-Modflow 的地下水-地表水联合模型所需的数据

（四）基于 SWAT-Modflow 的地下水-地表水联合模拟模型求解

首先，SWAT-Modflow 模型中，依次分别输入 DEM 和水系图跟踪河道，根据实际需求划分子流域（划分 58 个子流域）（图 8-8 左图），添加水库；输入土地利用类型、土壤类型，分别进行重分类，并同时和地形坡度共同创建水文响应单元（HRU）（图 8-8 右图）；输入气象站点，读取基础数据（土地类型、土壤参数、气象数据等），SWAT 模型基础构建过程在李峰平（2015）博士论文中有详细论述，在此不再赘述。此外，根据流域的特点，分别输入水库日出流量，设定灌溉取用水规则（图 8-9），并将工业、生活取用水输入到对应的子流域（图 8-10）。

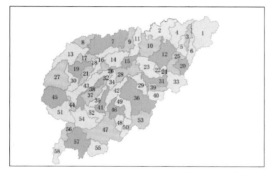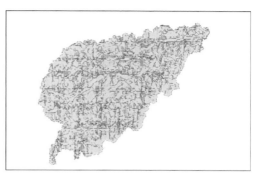

图 8-8　挠力河流域子流域（左）及 HRUs（右）

图 8-9　模型中灌溉制度设定示意图

图 8-10　模型中工业、生活用水设定示意图

　　然后，根据 HRUs 创建 DHRUs，对河道（图 8-11 左图）、子流域进行网格化剖分（图 8-11 右图），建立 Modflow 网格，由于研究区面积较大，故根据实际情况，按照 630m×630m 的正方形网格进行剖分，共计剖分 60141 个流域网格，2837 个河道网格；之后，分别输入潜水含水层地板高程、渗透系数、给水度、储水系数、初始水位等。根据含水层水文地质特征，将含水层渗透系数、给水度和储水系数分为 4 个参数区（图 8-11），各参数分区初值主要根据各个勘查和研究阶段所进行的抽水试验成果确定的（表 8-6），资料主要来源于《黑龙江省三江平原地下水资源潜力与生态环境地质调查评价》（杨湘奎 等，2008）和相关学者的的博士论文（郭龙珠，2005）。

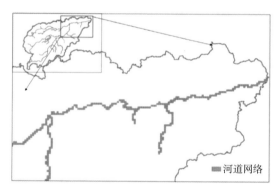
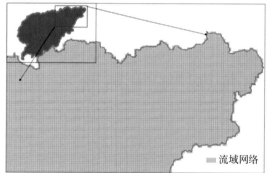

图 8-11　挠力河流域河道网格（左）和流域网格（右）

　　重新读取输入数据；数据起始时间为 2008 年 1 月 1 日，截止时间为 2015 年 12 月 31 日，模型预热期设定为 3 年，由于实测观测资料为逐月数据，因此设定模型计算时间步长为逐月，全部设置完成之后应用 SWAT-Modflow 模型进行计算。

二、模型参数敏感性分析及率定

（一）参数率定与验证

　　模型参数率定过程按照先地表后地下，先上游后下游和上下互馈的原则，依次进行率定。参数率定采用 SWAT-CUP 中自带的参数敏感性分析方法——改进的连续不确定拟合法（SUFI2），该方法考虑了所有参数不确定的来源，如驱动变量（降水、温度等）、概念模型，以及监测数据等。由于模型参数较多，每一个参数全部率定工作量较大，且无意义，因此根据以往的研究和研究区的实际情况，选取了其中一些对流域水文过程影响较大的参数，并分别对各水文站敏感性参数进行分析，见表8-6。

通过对所选参数进行率定，模型率定的过程中首先对地表径流量进行率定，率定期为2011—2013年，验证期为2014—2015年。由于挠力河流域只有4个水文站，根据先上游后下游的原则，因此依次率定宝清站-保安站-红旗岭站-菜嘴子站，得到最适宜的模型参数，即确定模型参数的最优值（表8-7）。

含水层参数识别所采用的方法为试估-校正法（Lin and Anderson，2003），另外结合已有的研究成果，对模型参数进行率定（吴昌友，2011；郭龙珠 等，2008；卢文喜 等，2007）。模型参数识别的主要原则为：①模型计算的地下水位与实测值拟合度达到精度要求；②含水层参数要符合实际水文地质条件。根据以上原则，经过调整参数以及和地表过程的反复验证，最终确定了满足模型要求的含水层水文地质参数（表8-8）。

表8-6　SWAT 模型径流参数及其敏感性分析结果

参数	描述	敏感性排序			
		宝清站	保安站	红旗岭站	菜嘴子站
SFTMP	融雪温度	13	14	5	16
TIMP	积雪温度滞后系数	18	16	6	13
TLAPS	温度递减率	5	5	11	5
CN2	SCS 径流曲线	1	1	1	1
BIOMIX	生物混合效率	20	20	7	20
SMFMX	一年中最大的融雪率	11	8	20	9
SMFMN	一年中最小的融雪率	14	18	9	14
ESCO	土壤蒸发补偿系数	2	2	2	2
EPCO	植物吸收补偿系数	19	19	17	19
CANMX	最大冠层蓄水量	15	13	16	15
SOL_AWC	土壤层的利用水量	3	3	3	3
SOL_K	饱和水利传导系数	6	6	4	6
ALPHA_BF	基流因子	4	4	12	4
GW_DELAY	地下水滞后系数	12	12	8	12
GWQMN	浅层地下水径流系数	7	9	19	7
REVAPMN	浅层地下水再蒸发系数	17	17	10	17
RCHRG_DP	深层含水层渗流率	16	15	12	18
GW_REVAP	地下水蒸发系数	8	10	18	11
CH_K2	主河道冲积层有效导水率	10	7	15	8
CH_N2	主河道的曼宁系数	9	11	14	10

表8-7　SWAT 模型径流参数率定结果

参数	描述	初始范围	最优值			
			宝清站	保安站	红旗岭站	菜嘴子站
SFTMP	融雪温度	[-20，20]	-0.72	0.75	0.74	0.59
TIMP	积雪温度滞后系数	[0，1]	0.21	0.25	0.03	0.27
TLAPS	温度递减率	[-10，10]	-1.25	-6.11	2.97	0.72
CN2	SCS 径流曲线	[25，98]	56.00	70.72	86.00	58.85
BIOMIX	生物混合效率	[0，1]	0.13	0.30	0.60	0.53
SMFMX	一年中最大的融雪率	[0，20]	9.08	14.63	8.87	2.64

续表

参数	描述	初始范围	最优值			
			宝清站	保安站	红旗岭站	菜嘴子站
SMFMN	一年中最小的融雪率	[0，20]	1.32	2.36	18.00	18.85
ESCO	土壤蒸发补偿系数	[0，1]	0.72	0.26	0.32	0.85
EPCO	植物吸收补偿系数	[0，1]	0.46	0.89	0.59	0.40
CANMX	最大冠层蓄水量	[0，100]	69.00	21.20	50	30.2
SOL_AWC	土壤可利用水量	[0，1]	0.58	0.11	0.33	0.38
SOL_K	饱和水利传导系数	[0，2000]	306.00	310.92	190	275
ALPHA_BF	基流因子	[0，1]	0.19	0.04	0.51	0.11
GW_DELAY	地下水滞后系数	[0，500]	25.60	36.61	189.05	39.23
GWQMN	浅层地下水径流系数	[0，5000]	2333.00	2880.00	2281.00	3179.00
REVAPMN	浅层地下水再蒸发系数	[0，500]	67.00	173.67	207.00	232.00
RCHRG_DP	深层含水层渗流率	[0，1]	0.54	0.87	0.26	0.08
GW_REVAP	地下水蒸发系数	[0.02，0.2]	0.09	0.09	0.14	0.03
CH_K2	主河道冲积层有效导水率	[0，500]	218.00	169.12	256.00	245.00
CH_N2	主河道的曼宁系数	[0，0.3]	0.20	0.28	0.15	0.14

表 8-8　含水层水文地质参数选取与识别

参数分区编号	渗透系数 K / (m/d)		给水度 S_y		储水系数 S_s / (1/m)	
	初始值	最优值	初始值	最优值	初始值	最优值
I	35	31	0.25	0.26	0.000032	0.000035
II	22	20	0.21	0.22	0.000016	0.000015
III	11	10	0.11	0.12	0.000011	0.000012
IV	8	8	0.08	0.07	0.000008	0.000008

（二）模型模拟效果与评价

1. 评价指标的选取

分别选取纳什效率系数（Nash-Sutcliffe efficiency coefficient，NSE）、相关系数（R^2）和相对误差（RE）作为评价模拟结果的指标。这些指标对模型表现的评价标准（Moriasi 等，2015）见表 8-9。

表 8-9　模型评价指标及其评价标准

指标	不好	好	很好	非常好
R^2	[0，0.65)	[0.65，0.75)	[0.75，0.85)	[0.85，1)
NSE	$(-\infty，0.5)$	(0.5，0.7]	(0.7，0.8)	(0.8，1]
RE	$[25，+\infty)$	[15，25)	[10，15)	$(-\infty，0)$

2. 模拟效果评价

模型共选取 4 个水文站和 50 眼监测井对模型参数进行率定，4 个水文站对参数进行验证，而由于地下水位监测资料的缺失，只选择了 10 眼监测井对参数进行验证。经过反复调节参数，模型率定期和验证期地表月径流的评价结果均满足模型模拟的精度要求（表 8-10），而且通过率定期和验证期径流的计算值和实测值对比（图 8-12），可以发现虽然计算值和实测值不能够完全吻合，但动态变化趋势较为一致，因此模型地表径流过程模拟效果较好。

表 8-10 模型率定期和验证期月径流模拟结果评价

水文站	率定期（2011—2013 年）			验证期（2014—2015 年）		
	ENS	R^2	RE	ENS	R^2	RE
宝清站	0.76	0.89	20.99	0.68	0.85	0.91
保安站	0.74	0.85	-3.24	0.72	0.81	-9.63
红旗岭站	0.81	0.91	12.06	0.67	0.85	55.18
菜嘴子站	0.72	0.92	-11.11	0.68	0.80	5.75

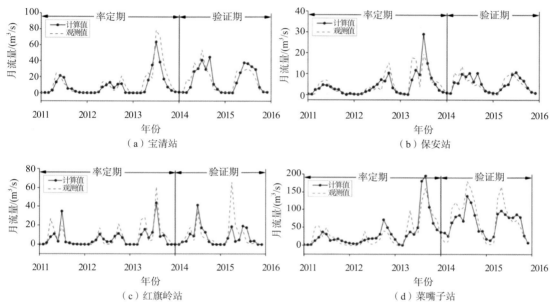

图 8-12 率定期与验证期月径流模拟值与实测值对比

从整体上看，地下水模拟效果较好，除五九七灌区和红岩灌区监测井模拟结果没有达到精度要求外，其余监测井均达到要求（表 8-11）。另外，通过率定期和验证期地下水位的计算值和实测值对比可以发现，模型计算的地下水位动态趋势与实际观测值较为一致（图 8-13），因此认定该耦合模型模拟效果较好，可以用于挠力河流域水循环过程的模拟。

表 8-11 模型率定期和验证期地下水位模拟结果评价

地下水监测井	率定期（2011—2013 年）			验证期（2014—2015 年）		
	ENS	R^2	RE	ENS	R^2	RE
集贤灌区	0.73	0.81	-4.93	0.71	0.75	-8.33
双鸭山灌区	0.53	0.57	-1.57	0.56	0.61	-17.52
五九七灌区	0.33	0.37	12.36	0.30	0.32	10.06
宝清灌区	0.66	0.71	-2.19	0.63	0.69	2.69
八五二灌区	0.65	0.76	-9.69	0.61	0.62	-10.69
八五三灌区	0.55	0.66	-10.25	0.51	0.78	-9.26
红旗岭灌区	0.79	0.87	-0.01	0.65	0.67	-0.43
红旗灌区	0.46	0.52	0.32	0.42	0.53	1.37
大兴灌区	0.58	0.83	9.74	0.32	0.79	12.18
胜利灌区	0.51	0.58	2.79	0.43	0.51	3.27

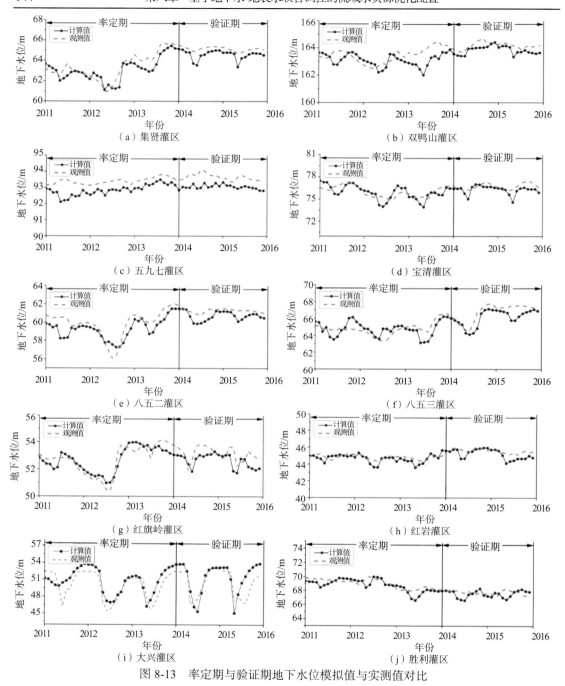

图 8-13　率定期与验证期地下水位模拟值与实测值对比

第三节　未来气候变化情景下挠力河流域水资源量预估

预测未来气候情景下流域径流量、地下水补给量、地下水-地表水交换量以及评估流域未来水资源量变化特征等,对流域水资源综合规划、管理具有重要意义(李峰平 等,2013)。目前,预测未来气候变化情景下流域水资源量主要以耦合未来气候情景数据和流域水文模型的方法为主（向亮　等，2011）。该方法的基本思路为：以现阶段已有的实测资料（包括水文、气象等）率定和验证流域水文模型，获得符合流域实际情况的模型参数，保持参数不变，将获取的未来气候情景数据（气温、降水等）输入到已构建的模型，模拟流域未来的水循环过程，对未来气候变化情景下对流域水资源量进行预估。

一、气候情景介绍及模式的选择

随着全球性气候变化的加剧，近年来关于未来气候变化情景下水资源量预估研究很多。其中，比较重要的途径是应用流域水文模型耦合全球气候模式的输出结果。2011 年，Meinshausen 等（2011）详细介绍了新一代的温室气体排放情景，即"典型浓度路径"，主要包括四种情景（表 8-12）。

本研究主要选择美国航天局地球交换所发布的全球降尺度逐日（NEX-GDDP）数据集-北京师范大学地球系统模式（Beijing Normal University–Earth System Model，BNU-ESM），作为未来气候变化情景数据。该数据集由中国学者自主研发，源于耦合模式比较计划第五阶段（CMIP5）下的大气环流模型（GCM）输出的降尺度的气候情景，及典型浓度路径中的两个，即：RCP4.5 和 RCP8.5，空间分辨率为 $0.25° \times 0.25°$（Ji 等，2014）。气候要素包括：日最高温度、日最低温度和日降水量。根据挠力河流域的经纬度对两种气候模式数据集进行提取，获取流域内的格点数据（图 8-14）。

表 8-12　RCPs 未来气候情景描述

情景	具体描述
RCP8.5	假定人口最多、技术革新率最高、能源改善缓慢，所以收入增长慢。这将导致长时间高能源需求和温室气体排放，而缺少应对气候变化的政策。2100 年辐射强迫上升至 $8.5W/m^2$，2100 年之后 CO_2 的当量浓度达到 1370×10^{-6}
RCP6.0	反映了生存期长的全球温室气体和生存期短的物质的排放，以及土地利用/陆面变化，导致 2100 年辐射强迫稳定在 $3.0W/m^2$
RCP4.5	辐射强迫稳定在 $4.5W/m^2$，2100 年之后 CO_2 的当量浓度达到 650×10^{-6}
RCP2.6	把全球平均温度上升限制在 $2.0℃$ 之内，其中 21 世纪后半叶后能源应用为负排放。辐射强迫在 2100 年之前达到峰值，到 2100 年下降至 $2.6W/m^2$

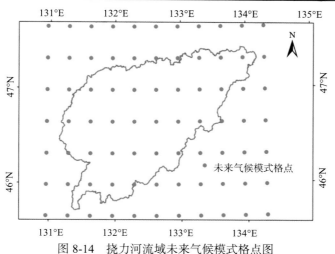

图 8-14　挠力河流域未来气候模式格点图

二、未来气温、降水变化特征

本研究选取 2021—2050 年的温度、降水数据作为未来气候情景，在气温、降水分析过程中，为与后文未来水资源优化配置保持一致，将 2021—2050 年分为 2021—2035 年（近期规划水平年）和 2036—2050 年（远期规划水平年）两个时间段进行分析，后文中未来水资源预估划分依据也是如此，不再赘述。

（一）未来气温变化特征

1. 未来气温变化幅度

RCP4.5 情景下，2021—2035 年和 2036—2050 年挠力河流域的平均最高温度分别为 11.1℃和 11.2℃，与 2008—2015 年相比，分别增加了 0.8℃和 0.9℃；RCP8.5 情景下，2021—2035 年和 2036—2050 年平均最高气温分别为 11.3℃和 12.0℃，与 2008—2015 年相比，分别增加了 1.0℃和 1.7℃（表 8-13）。与 RCP4.5 情景对比，在 RCP8.5 情景下年平均最高温度增加更为明显。其中，在不同情景下，月平均最高温度也呈现不同的变化。在 RCP4.5 情景下，2021—2035 年 4 月平均最高温度增加最多，为 2.5℃，1 月有下降现象，下降了 1.4℃，在 2036—2050 年月平均最高温度增加最多出现在 8 月，增加了 2.0℃，没有温度下降现象出现；在 RCP8.5 情景下，2021—2035 年月平均最高温度增加幅度最大出现在 8 月，温度增加了 2.1℃，而 2036—2050 年则发生在 11 月，温度增加了 4.0℃；在 2021—2035 年分别在 1 月、6 月和 10 月出现温度下降现象，最大下降幅度出现在 6 月，下降了 1.6℃；2021—2035 年只有 6 月出现下降现象，下降了 0.6℃（图 8-15）。与最高温度相似的是，在 RCP4.5 和 RCP8.5 两种气候情景下年平均最低温度均呈现不同程度的增加，详见表 5.2。其中，不同情景下的月平均最低温度的变化也与月平均最高温度变化相似。在 RCP4.5 情景下，2021—2035 年 4 月平均最低温度增加最多，为 2.2℃，只有 1 月有下降现象，下降了 0.9℃，在 2036—2050 年月平均最低温度增加最多出现在 8 月，增加了 1.9℃，没有温度下降现象出现；而在 RCP8.5 情景下，2021—2035 年和 2036—2050 年月平均最低温度增加幅度最大均出现在 11 月，分别增加了 1.9℃和 4.6℃；在 2021—2035 年分别在 1 月、6 月和 10 月出现温度下降现象，最大下降幅度出现在 6 月，下降了 1.0℃；2021—2035 年只有 6 月出现下降现象，下降了 0.4℃（图 8-15）。

表 8-13　未来温度均值及变化幅度

时间		最高温度均值/℃	变化幅度*/℃	最低温度均值/℃	变化幅度*/℃
2008—2015 年		10.3	—	−0.3	—
RCP4.5	2021—2035 年	11.1	+0.8	0.5	+0.8
	2036—2050 年	11.2	+0.9	0.7	+1.0
RCP8.5	2021—2035 年	11.3	+1.0	0.6	+0.9
	2036—2050 年	12.0	+1.7	1.6	+1.9

*为与 2008—2015 年相比的变化幅度。

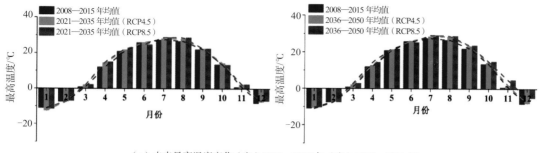

（a）未来最高温度变化（左）2021—2035 年（右）2036—2050 年

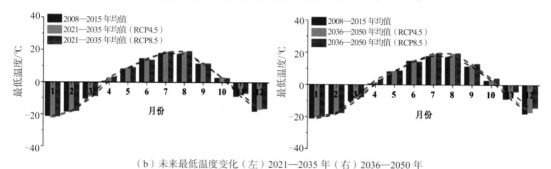

（b）未来最低温度变化（左）2021—2035 年（右）2036—2050 年

图 8-15 2021—2035 年和 2036—2050 年未来最高温度和最低温度的变化趋势

2. 未来温度变化趋势

挠力河流域不同气候情景下的年平均温度变化趋势有所差别。年平均最高温度在 RCP4.5 情景下呈现先增加后减小的趋势，2021—2035 年增加趋势为 0.03℃/10a，2036—2050 年的呈现减小趋势，减小趋势为-0.3℃/10a；在 RCP8.5 情景下呈现持续增加的趋势，且增加趋势随着时间的增加更为明显，2021—2035 年的增加趋势为 0.6℃/10a，2036—2050 年的增加趋势为 0.7℃/10a（图 8-16）。年平均最低温度在不同气候情景下的变化趋势基本与最高温度一致，在 RCP4.5 情景下年平均最低温度呈现先增加后减小的趋势，在 2021—2035 年增加趋势为 0.3℃/10a，2036—2050 年呈现减小趋势，趋势为-0.1℃/10a；在 RCP8.5 情景下年平均最低温度也呈现持续增加的趋势，2021—2035 年的增加趋势为 0.3℃/10a，2036—2050 年的增加趋势为 0.7℃/10a（图 8-17）。最高温度和最低温度在不同情景下的详细变化趋势见表 8-14。

表 8-14 不同气候情景下未来温度变化趋势

时间		最高温度均值/（℃/10a）	最低温度均值/（℃/10a）
RCP4.5	2021—2035 年	0.03	0.3
	2036—2050 年	-0.3	-0.1
RCP8.5	2021—2035 年	0.6	0.3
	2036—2050 年	0.7	0.7

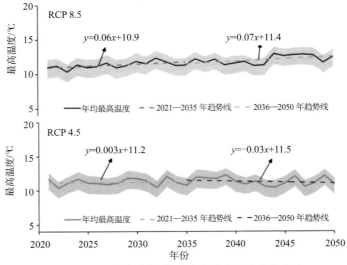

图 8-16 不同气候情景下未来最高温度变化趋势

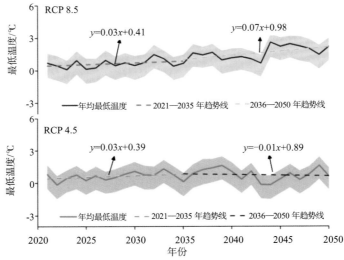

图 8-17 不同气候情景下未来最低温度变化趋势

（二）未来降水量变化特征

1. 未来降水量变化幅度

RCP4.5 情景下,2021—2035 年和 2036—2050 年挠力河流域平均降水量分别为 604mm 和 617mm,与 2008—2015 年相比,分别增加了 57mm 和 70mm;RCP8.5 情景下, 2021—2035 年和 2036—2050 年平均降水量分别为 562mm 和 622mm 分别增加了 15mm 和 75mm（表 8-15）。其中,不同情景下的月平均降水量也呈现不同程度的变化,在 RCP4.5 情景下, 2021—2035 年只有 4 月、6 月、8 月、9 月和 10 月降水量增加,其中 9 月增加最多,为 33.9mm, 其余月份降水量均减少,7 月减少最多,减少了 17.9mm,在 2036—2050 年也只有 4 月、6 月、8 月、9 月和 10 月降水量增加,6 月降水量增加最多,为 31.8mm,同样,7 月减少 11.6mm, 为各月中最多;在 RCP8.5 情景下, 2021—2035 年也只有 4 月、6 月、8 月、9 月和 10 月 降水量增加,其中 9 月增加最多, 为 27.3mm,7 月减少最多, 为 17.9mm,2036—2050 年与 2021—2035 年类似,但降水量增加最大值出现在 6 月,为 31.8mm,同样,7 月减少 11.7mm,为各月中最多(图 8-18)。

表 8-15　未来降水量及变化幅度

时间		降水量/mm	变化幅度*/mm
2008—2015 年		547	—
RCP4.5	2021—2035 年	604	+57
	2036—2050 年	617	+70
RCP8.5	2021—2035 年	562	+15
	2036—2050 年	622	+75

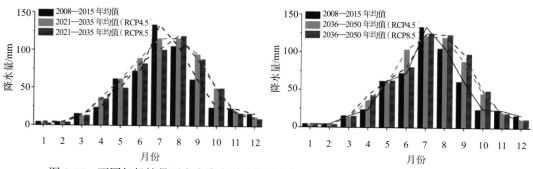

图 8-18　不同气候情景下未来降水量变化(左)2021—2035 年(右)2036—2050 年

2. 未来降水量变化趋势

挠力河流域不同气候情景下的年平均降水量随时间推移变化趋势有所差别。在 RCP4.5 情景下年平均降水量呈先增加后减小的趋势,2021—2035 年增加趋势为 31.9mm/10a,2036—2050 年呈现减小趋势,减小趋势为-18.8mm/10a;在 RCP8.5 情景下呈现先减小后增加的趋势,2021—2035 年的年平均降水量呈现减小的趋势,减小趋势为-93mm/10a,2036—2050 年呈现增加趋势,增加趋势为 5.5mm/10a(图 8-19)。

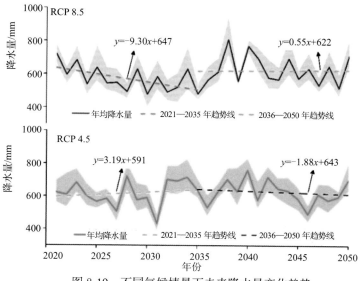

图 8-19　不同气候情景下未来降水量变化趋势

三、未来气候变化情景下流域水资源量预估

基于已率定和验证合理的 SWAT-Modflow 耦合模型，输入未来气候情景下的逐日降水和逐日温度数据，预测天然状态下未来挠力河流域水资源响应特征，为后文未来流域水资源的优化配置提供数据支撑。

（一）径流量

在 RCP4.5 情景下，2021—2035 年挠力河流域平均河道径流量为 20.78 亿 m³，受降水和蒸发等因素影响，流域河道径流量年际变幅较大，在 2027 年河道径流量最少，为 3.36 亿 m³，在 2028 年径流量最多，为 37.12 亿 m³；2036—2050 年平均河道径流量为 22.00 亿 m³，在 2046 年最少，为 3.10 亿 m³，在 2040 年最多，为 44.17 亿 m³。在 RCP8.5 情景下，2021—2035 年挠力河流域平均河道径流量为 15.35 亿 m³，在 2028 年最少，为 3.18 亿 m³，在 2021 年最多，为 49.57 亿 m³；2036—2050 年平均河道径流量为 22.95 亿 m³，其中，在 2049 年最少，为 3.43 亿 m³，在 2038 年最多，为 53.54 亿 m³（图 8-20）。

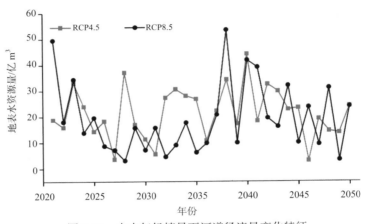

图 8-20   未来气候情景下河道径流量变化特征

根据水资源评价结果和已有的研究，挠力河流域多年平均地表水资源量为 23.51 亿 m³（付强 等，2016）。与现状多年平均地表水资源量相比，RCP4.5 情景下，在 2021—2035 年平均地表水资源量减少了 2.73 亿 m³，在 2036—2050 年减少了 1.51 亿 m³；RCP8.5 情景下，在 2021—2035 年平均地表水资源量减少了 8.16 亿 m³，在 2036—2050 年减少了 0.56 亿 m³（表 8-16）。

表 8-16   与现状多年平均相比未来气候情景下河道径流量及变化幅度

时间		河道径流量/亿 m³	变化幅度/亿 m³
现状多年平均		23.51	—
RCP4.5	2021—2035 年	20.78	-2.73
	2036—2050 年	22.00	-1.51
RCP8.5	2021—2035 年	15.35	-8.16
	2036—2050 年	22.95	-0.56

（二）地下水补给量

RCP4.5 情景下，2021—2035 年和 2036—2050 年挠力河流域地下水年补给量分别为 69.8mm 和 73.5mm；RCP8.5 情景下，地下水年补给量分别为 53.5mm 和 76.1mm。不同情景下，未来地下水的多年平均补给量的空间分布特征差异很大，但下游补给量总体上多于上游（图 8-21）。

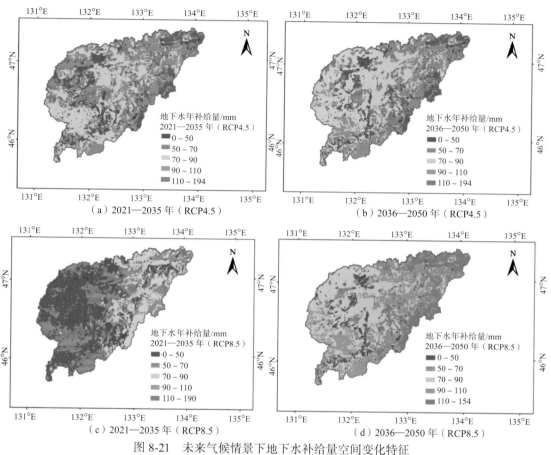

图 8-21　未来气候情景下地下水补给量空间变化特征

不同气候情景下，挠力河流域未来地下水年补给量呈现不同的变化趋势。RCP4.5 情景下，在 2021—2035 年，地下水多年平均补给量为 18.38 亿 m³，并以每年 0.41 亿 m³ 的趋势增加[图 8-22（a）]，2036—2050 年，地下水多年平均补给量为 19.42 亿 m³，以每年 -0.51 亿 m³ 的趋势减少 [图 8-22（b）]；RCP8.5 情景下，年平均补给量为 13.97 亿 m³，以每年 -1.31 亿 m³ 的趋势显著减少[图 8-22（a）]，2036—2050 年，地下水多年平均补给量为 20.05 亿 m³，以每年 -0.57 亿 m³ 的趋势减少[图 8-22（b）]。

根据已有研究成果，挠力河流域地下水多年平均补给量为 20.17 亿 m³（郭龙珠，2005），与之相比，在 RCP4.5 气候情景下，2021—2035 年和 2036—2050 年地下水补给量分别减少了 1.79 亿 m³ 和 0.75 亿 m³，在 RCP8.5 气候情景下 2021—2035 年和 2036—2050 年分别减少了 6.20 亿 m³ 和 0.12 亿 m³（表 8-17）。

表 8-17　与现状多年平均相比未来气候情景下地下水补给量变化幅度

时　间		地下水可开采量/亿 m³	变化幅度/亿 m³
现状多年均值		20.17	—
RCP4.5	2021—2035 年	18.38	-1.79
	2036—2050 年	19.42	-0.75
RCP8.5	2021—2035 年	13.97	-6.20
	2036—2050 年	20.05	-0.12

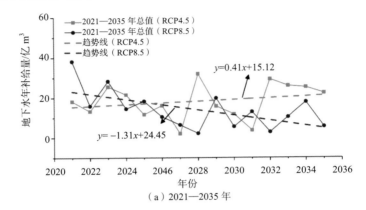

（a）2021—2035 年

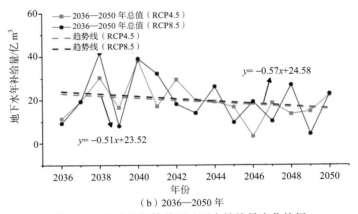

（b）2036—2050 年

图 8-22　未来气候情景下地下水补给量变化特征

（三）地下水-地表水交换量

　　挠力河流域未来地下水-地表水的转化关系主要分为三种特征：地下水常年补给河水、地下水-地表水互补、河水常年补给地下水。第一种特征主要分布于挠力河干流、内七星河、蛤蟆通河和七里沁河等的上游；第二种主要分布于流域中游，且水量交换频繁；第三种主要分布于流域下游。未来气候情景下挠力河流域地下水-地表水交换量空间分布，如图 8-23 所示。

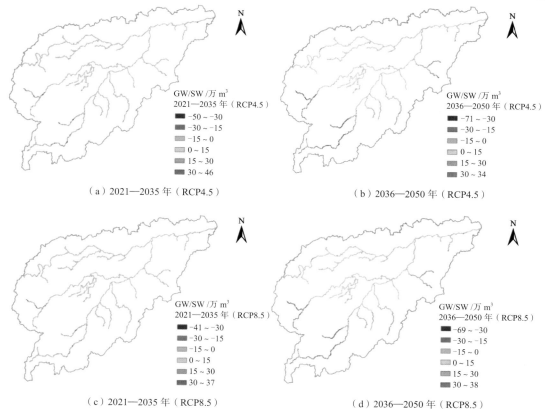

（a）2021—2035 年（RCP4.5）　　　　　　（b）2036—2050 年（RCP4.5）

（c）2021—2035 年（RCP8.5）　　　　　　（d）2036—2050 年（RCP8.5）

图 8-23　未来气候情景下地下水-地表水交换量（正值代表河水补给地下水，负值代表地下水补给河水）

　　根据研究结果可知，在不同气候情景下，整体上流域河水补给地下水的量多于地下水补给河水的水量。同时，地下水对河水的补给量在 2036—2050 年多于 2021—2035 年，河水补给地下水的水量也有所增加，未来气候情景下挠力河流域地下水-地表水交换量，见表8-18。

表 8-18　未来气候情景下地下水-地表水交换量

时间		地下水补给河水/万 m³	河水补给地下水/万 m³	转化量/万 m³
RCP4.5	2021—2035 年	2246.95	10528.08	8281.13
	2036—2050 年	8610.94	11719.23	3108.29
RCP8.5	2021—2035 年	2180.72	6566.13	4385.41
	2036—2050 年	8098.68	11301.91	3203.23

第四节　水资源供需分析

一、需水量分析与预测

　　在水资源优化配置的研究中，选取 2015 年为基准年。该年挠力河流域面平均降水量为 569mm，为平水年，除农业种植面积以 2013 年土地利用图为统计基础外，流域基准年人口和牲畜数量和工业产值均采用 2015 年的统计结果，此外，本研究中亦假定 2015 年土地利用状况与 2013 年相同，因此，除特别说明外，后文中提到的基准年均指 2015 年。

（一）需水量分析方法

根据实际调研资料，挠力河流域的需水主要包括居民生活需水、牲畜生活需水、工业生产需水、农业灌溉需水、生态需水五个部分。其中生活需水分为城镇居民生活需水和农村居民需水、农业灌溉需水分为水田灌溉需水和旱田灌溉需水、生态需水分为河道生态需水和湿地生态需水。未来人口数量采用马尔萨斯法，居民生活需水采用人均用水定额法，牲畜生活需水采用用水定额法，未来工业生产总值采用增长率法，工业需水量采用万元工业产值用水定额法，湿地生态需水采用已有的研究成果，农业灌溉需水量分别采用农业用水定额法，各用水户间需水量预测详细方法见表 8-19。

表 8-19   未来需水量预测方法

流域需水分类		研究方法	参数描述
居民生活需水量	未来人口数量	马尔萨斯法： $P(i)=P(i_0)e^{r(i-i_0)}$	$P(i)$ 为预测年 i 的人口数，$P(i_0)$ 为基准年 i_0 的人口数，r 为人口增长率
	城镇生活需水	人均用水定额法： $W_城=P(i)m_城$	$W_城$ 为城镇居民生活需水量，$m_城$ 为城镇人均生活需水标准，n_i 为第 i 年的需水人数
	农村生活需水	人均用水定额法： $W_农=P(i)m_农$	$W_农$ 为农村居民生活需水量，$m_农$ 为农村人均生活需水标准，n_i 为第 i 年的需水人数
牲畜需水量	未来牲畜数量	自然增长率法： $Q(i)=Q(i_0)(1+\lambda)$	$Q(i)$ 为预测年 i 的人口数，$Q(i_0)$ 为基准年 i_0 的牲畜数，λ 为牲畜年增长率
	牲畜需水量	用水定额法： $W_牲畜=n_i m_牲畜$	$W_牲畜$ 为牲畜生活需水量，$m_牲畜$ 为牲畜生活需水标准，n_i 为第 i 年的需水牲畜数
工业需水量	未来工业生产总值	增长率法： $T_i=T_{i-1}p_工业$	T_i 是第 i 年工业生产总值，$p_工业$ 为工业生产增长率，T_{i-1} 为第 $i-1$ 年的工业生产总值
	工业需水量	万元工业产值用水定额法： $W_工业=T_i m_工业$	$W_工业$ 为工业生产需水量，$m_工业$ 为第 i 年万元工业生产值用水定额
生态需水量	河道生态需水量	Tennant 法	—
	湿地生态需水量	等级法（崔保山 等，2003）	—
农业需水量	旱田	$W_旱地=n_旱田 \cdot m_{5(旱田)}$	$W_旱地$ 旱田灌溉需水量，$n_旱田$ 为旱田灌溉面积，$m_{5(旱田)}$ 为五月旱田平均灌溉定额
	水田	$W_水田=n_水田 \cdot m_{j(水田)}$	$W_水田$ 水田灌溉需水量，$n_水田$ 为水田灌溉面积，$m_{j(水田)}$ 为第 j 月水田平均灌溉定额

（二）需水量

1. 生活需水量

生活需水量包括居民生活需水量和牲畜生活需水量。

（1）居民生活需水量。未来人口数量是预测未来生活需水量的一个重要指标。根据调研结果和已有的统计年鉴，对流域内各个行政单元的人口进行统计，基准年流域内各行政单元人口数量见表 8-20。

表 8-20　基准年各灌区人口统计

灌区	城镇/万人	农村/万人	灌区	城镇/万人	农村/万人
宝清灌区	19.89	22.35	友谊灌区	3.50	9.50
龙头桥灌区	0.00	0.00	永久灌区	0.00	0.00
五九七灌区	1.50	2.40	双鸭山灌区	13.00	0.00
八五二灌区	1.20	3.50	集贤灌区	3.50	5.10
小索伦灌区	0.00	0.00	富锦灌区	8.30	8.25
大索伦灌区	0.00	0.00	七星灌区	0.00	1.40
蛤蟆通灌区	0.00	0.00	大兴灌区	1.80	0.50
八五三灌区	1.80	2.30	创业灌区	0.00	0.80
雁窝西灌区	0.00	0.00	红卫灌区	0.00	0.56
雁窝东灌区	0.00	0.00	胜利灌区	0.00	0.65
清河灌区	0.00	0.00	大佳河灌区	0.00	0.00
红岩灌区	0.00	0.00	小佳河灌区	0.00	0.00
红旗灌区	0.00	0.00	饶河灌区	0.00	7.70
红旗岭灌区	0.30	1.20	总和	54.79	66.21

根据统计结果,挠力河流域基准年共有人口 121 万,城镇人口 54.79 万,农村人口 66.21 万,其中人口增长率采用黑龙江省人口平均增长率 0.76‰。流域内 2021—2035 年平均人口数量为 121.81 万人,较基准年增长了 0.81 万人,详见表 8-21。

表 8-21　2021—2035 年各灌区平均人口数量

灌区	城镇/万人	农村/万人	灌区	城镇/万人	农村/万人
宝清灌区	20.03	22.50	友谊灌区	3.52	9.56
龙头桥灌区	0.00	0.00	永久灌区	0.00	0.00
五九七灌区	1.51	2.42	双鸭山灌区	13.09	0.00
八五二灌区	1.21	3.52	集贤灌区	3.52	5.13
小索伦灌区	0.00	0.00	富锦灌区	8.36	8.31
大索伦灌区	0.00	0.00	七星灌区	0.00	1.41
蛤蟆通灌区	0.00	0.00	大兴灌区	1.81	0.51
八五三灌区	1.81	2.32	创业灌区	0.00	0.81
雁窝西灌区	0.00	0.00	红卫灌区	0.00	0.57
雁窝东灌区	0.00	0.00	胜利灌区	0.00	0.65
清河灌区	0.00	0.00	大佳河灌区	0.00	0.00
红岩灌区	0.00	0.00	小佳河灌区	0.00	0.00
红旗灌区	0.00	0.00	饶河灌区	0.00	7.75
红旗岭灌区	0.30	1.21	总和	55.16	66.66

流域内 2036—2050 年平均人口数量为 123.50 万人,较基准年增长了 2.50 万人,详见表 8-22。

表 8-22　2036—2050 年各灌区平均人口数量

灌区	城镇/万人	农村/万人	灌区	城镇/万人	农村/万人
宝清灌区	20.30	22.81	友谊灌区	3.57	9.70
龙头桥灌区	0.00	0.00	永久灌区	0.00	0.00
五九七灌区	1.53	2.45	双鸭山灌区	13.27	0.00
八五二灌区	1.22	3.57	集贤灌区	3.57	5.21
小索伦灌区	0.00	0.00	富锦灌区	8.47	8.42
大索伦灌区	0.00	0.00	七星灌区	0.00	1.43
蛤蟆通灌区	0.00	0.00	大兴灌区	1.84	0.53
八五三灌区	1.84	2.35	创业灌区	0.00	0.82
雁窝西灌区	0.00	0.00	红卫灌区	0.00	0.58
雁窝东灌区	0.00	0.00	胜利灌区	0.00	0.66
清河灌区	0.00	0.00	大佳河灌区	0.00	0.00
红岩灌区	0.00	0.00	小佳河灌区	0.00	0.00
红旗灌区	0.00	0.00	饶河灌区	0.00	7.86
红旗岭灌区	0.31	1.22	总和	55.92	67.58

此外，根据《黑龙江省地方标准（用水定额）》（DB22/T 727—2010）拟定农村居民生活用水定额为 60L/(人·d)，城镇生活用水定额为 120L/(人·d)。经计算，基准年流域生活总用水量为 3849.80 万 m³；2021—2035 年平均流域生活用水量为 3876.04 万 m³，较基准年增加了 26.24 万 m³；2036—2050 年平均流域生活用水量为 3929.29 万 m³，较基准年增加了 79.49 万 m³，详见表 8-23。

表 8-23　2021—2035 年和 2036—2050 年各灌区平均生活需水量　　　　单位：万 m³

灌区	2021—2035 年	2036—2050 年	灌区	2021—2035 年	2036—2050 年
宝清灌区	1369.92	1388.75	友谊灌区	363.81	368.81
龙头桥灌区	0.00	0.00	永久灌区	0.00	0.00
五九七灌区	119.07	120.70	双鸭山灌区	573.28	581.16
八五二灌区	130.08	131.87	集贤灌区	266.80	270.46
小索伦灌区	0.00	0.00	富锦灌区	547.93	555.46
大索伦灌区	0.00	0.00	七星灌区	30.87	31.29
蛤蟆通灌区	0.00	0.00	大兴灌区	90.40	91.64
八五三灌区	130.09	131.88	创业灌区	17.64	17.88
雁窝西灌区	0.00	0.00	红卫灌区	12.35	12.52
雁窝东灌区	0.00	0.00	胜利灌区	14.33	14.53
清河灌区	0.00	0.00	大佳河灌区	0.00	0.00
红岩灌区	0.00	0.00	小佳河灌区	0.00	0.00
红旗灌区	0.00	0.00	饶河灌区	169.78	172.11
红旗岭灌区	39.69	40.23	总和	3876.05	3929.32

（2）牲畜生活需水量。基准年挠力河流域共有总牲畜数量195.53万头（只），其中大牲畜（牛、马、驴、骡等）22.35万头，小牲畜/家禽（猪、羊、鸡、鸭、鹅等）173.18万头（只），各灌区的数量见表8-24。

表 8-24　基准年各灌区牲畜/家禽数量统计　　　　　　单位：万头（只）

灌区	大牲畜	小牲畜/家禽	灌区	大牲畜	小牲畜/家禽
宝清灌区	6.00	54.80	友谊灌区	3.70	33.30
龙头桥灌区	0.00	0.00	永久灌区	0.00	0.00
五九七灌区	1.60	6.60	双鸭山灌区	0.00	0.00
八五二灌区	0.10	12.80	集贤灌区	1.70	9.10
小索伦灌区	0.00	0.00	富锦灌区	3.50	14.30
大索伦灌区	0.00	0.00	七星灌区	0.25	1.68
蛤蟆通灌区	0.00	0.00	大兴灌区	0.00	3.70
八五三灌区	0.40	15.50	创业灌区	0.30	1.30
雁窝西灌区	0.00	0.00	红卫灌区	0.40	1.50
雁窝东灌区	0.00	0.00	胜利灌区	0.60	2.50
清河灌区	0.00	0.00	大佳河灌区	0.00	0.00
红岩灌区	0.00	0.00	小佳河灌区	0.00	0.00
红旗灌区	0.00	0.00	饶河灌区	1.40	6.10
红旗岭灌区	2.40	10.00	总和	22.35	173.18

根据《双鸭山社会经济统计年鉴》（2015），设定2021—2035年平均增长率为4.67%，2036—2050年增长率为2.40%。预测2021—2035年流域平均总牲畜数量为352.28万头（只），与基准年相比，增加了156.75万头（只），详见表8-25。

表 8-25　2021—2035年各灌区牲畜/家禽数量　　　　　单位：万头（只）

灌区	大牲畜	小牲畜/家禽	灌区	大牲畜	小牲畜/家禽
宝清灌区	10.96	100.08	友谊灌区	6.76	60.82
龙头桥灌区	0.00	0.00	永久灌区	0.00	0.00
五九七灌区	2.31	12.05	双鸭山灌区	0.00	0.00
八五二灌区	0.14	23.38	集贤灌区	2.46	16.62
小索伦灌区	0.00	0.00	富锦灌区	5.06	26.12
大索伦灌区	0.00	0.00	七星灌区	0.36	3.07
蛤蟆通灌区	0.00	0.00	大兴灌区	0.00	6.76
八五三灌区	0.58	28.31	创业灌区	0.43	2.37
雁窝西灌区	0.00	0.00	红卫灌区	0.58	2.74
雁窝东灌区	0.00	0.00	胜利灌区	0.87	4.57
清河灌区	0.00	0.00	大佳河灌区	0.00	0.00
红岩灌区	0.00	0.00	小佳河灌区	0.00	0.00
红旗灌区	0.00	0.00	饶河灌区	2.02	11.14
红旗岭灌区	3.47	18.26	总和	36.01	316.28

预测2036—2050年流域平均总牲畜数量为589.12万头（只），与基准年相比，增加了

393.59 万头（只），详见表 8-26。

表 8-26　2036—2050 年各灌区牲畜/家禽数量　　　　　　单位：万头（只）

灌区	大牲畜	小牲畜/家禽	灌区	大牲畜	小牲畜/家禽
宝清灌区	18.32	167.37	友谊灌区	11.30	101.70
龙头桥灌区	0.00	0.00	永久灌区	0.00	0.00
五九七灌区	3.87	20.16	双鸭山灌区	0.00	0.00
八五二灌区	0.24	39.09	集贤灌区	4.11	27.79
小索伦灌区	0.00	0.00	富锦灌区	8.46	43.67
大索伦灌区	0.00	0.00	七星灌区	0.60	5.13
蛤蟆通灌区	0.00	0.00	大兴灌区	0.00	11.30
八五三灌区	0.97	47.34	创业灌区	0.73	3.97
雁窝西灌区	0.00	0.00	红卫灌区	0.97	4.58
雁窝东灌区	0.00	0.00	胜利灌区	1.45	7.64
清河灌区	0.00	0.00	大佳河灌区	0.00	0.00
红岩灌区	0.00	0.00	小佳河灌区	0.00	0.00
红旗灌区	0.00	0.00	饶河灌区	3.39	18.63
红旗岭灌区	5.80	30.54	总和	60.21	528.91

根据《黑龙江省地方标准（用水定额）》（DB22/T 727—2010）拟定大牲畜用水定额为 60L/(头•d)，小牲畜/家禽平均用水定额为 10L/(头•d)。经计算，基准年流域牲畜用水量为 1412.19 万 m^3；2021—2035 年平均牲畜用水量为 1916.32 万 m^3，较基准年增加了 504.14 万 m^3；2036—2050 年平均牲畜用水量为 3204.68 万 m^3，较基准年增加了 1792.49 万 m^3，详见表 8-27。

表 8-27　2021—2035 年和 2036—2050 年各灌区平均牲畜需水量　　　单位：万 m^3

灌区	2021—2035 年	2036—2050 年	灌区	2021—2035 年	2036—2050 年
宝清灌区	596.98	998.33	友谊灌区	364.89	368.81
龙头桥灌区	0.00	0.00	永久灌区	0.00	0.00
五九七灌区	93.36	156.13	双鸭山灌区	0.00	0.00
八五二灌区	87.28	145.96	集贤灌区	112.92	188.84
小索伦灌区	0.00	0.00	富锦灌区	203.33	340.03
大索伦灌区	0.00	0.00	七星灌区	18.85	31.53
蛤蟆通灌区	0.00	0.00	大兴灌区	24.33	40.68
八五三灌区	114.40	191.31	创业灌区	17.92	29.96
雁窝西灌区	0.00	0.00	红卫灌区	22.35	37.38
雁窝东灌区	0.00	0.00	胜利灌区	35.18	58.82
清河灌区	0.00	0.00	大佳河灌区	0.00	0.00
红岩灌区	0.00	0.00	小佳河灌区	0.00	0.00
红旗灌区	0.00	0.00	饶河灌区	83.83	140.19
红旗岭灌区	140.70	235.30	总和	1916.32	3204.68

2．工业需水量

未来工业生产总值是预测工业需水量的重要指标。根据统计资料，挠力河流域的工业主要分布于友谊县和宝清县，根据《双鸭山社会经济统计年鉴》（2015），2015年宝清县的工业生产总值为56.10亿元，友谊县为7.19亿元。依据现状工业发展速度，2015—2035年之间，流域内工业生产总值增长率为8%，每万元工业生产总值耗水量为40m³/万元，2036—2050年之间，增长率为7%，每万元工业生产总值耗水量为25m³/万元。经计算，2021—2035年宝清县平均工业生产总值为155.71亿元，工业需水量为6228.14万m³，友谊县平均工业生产总值为20.59亿元，工业需水量为823.64万m³，总需水量为7051.78万m³；2036—2050年，宝清县平均工业生产总值为441.27亿元，工业生产需水量为11031.82万m³，友谊县的平均工业生产总值为58.36亿元，工业生产需水量为1458.89万m³，总需水量为12490.72万m³。

3．生态需水量

（1）河道生态需水量。Tennant法是非现场测定河道生态需水量的国际公认的标准方法，建立在历史流量统计之上，并且需要10年以上的历史流量数据（桑连海 等，2006；钟华平 等，2006）。基于Tennant法的河道生态基流标准，见表8-28。

表8-28　基于Tennant法的河道生态基流标准

流量的叙述性描述	推荐的基流标准（多年平均流量百分数）/%	
	10月至次年3月	4—9月
极限或最大	200	200
最佳范围	60~100	60~100
极好	40	60
很好	30	50
良好	20	40
一般或较差	10	30
差或最小	10	10
极差	0~10	0~10

利用Tennant法分别对河道四个关键断面的生态需水量进行分析。由于龙头桥水库从2002年开始运行，对河道径流产生了较大的影响，因此为排除这种影响，根据1956—2000年的径流量数据进行分析。4—9月，取多年月平均流量的30%作为最小生态流量，10月至次年3月区多年月平均流量的10%作为最小生态流量，得出每个关键断面的最小生态需水量，见表8-29。

表8-29　各关键断面最小生态需水量　　　　　　　　　单位：万m³

关键断面	1月	2月	3月	4月	5月	6月	7月	8月	9月	10月	11月	12月	总值
宝清	2.8	1.3	11.5	1613.5	2251.9	1837.8	1826.4	3807.3	2331.3	1486.3	172.1	22.0	15364.3
菜嘴子	96.0	17.6	30.9	4255.5	6970.9	5697.1	4047.1	5262.2	7557.7	8375.1	2002.2	724.1	45036.6
保安	2.7	1.7	19.3	657.3	720.2	639.6	774.9	1314.8	854.8	570.9	67.7	11.5	5635.4
红旗岭	0.7	0.1	8.4	1509.8	1513.3	555.4	847.7	1142.0	557.5	466.2	87.9	9.8	6698.9

（2）湿地生态需水量。挠力河流域主要有两个国家湿地自然保护区——七星河湿地保护区和挠力河湿地保护区，面积分别为 20000hm² 和 97951hm²。根据《中国科学院知识创新工程重要方向项目——三江平原农业开发与湿地保育的水资源可持续利用》的研究成果，湿地生态需水量的计算主要以湿地生态系统水量平衡为基础，计算因素主要包括湿地水面蒸发消耗需水、植被需水、动物栖息需水、土壤补给需水四个部分。湿地水面蒸发消耗需水主要是湿地保护区范围内具有水域面上消耗于水面蒸发的净水量；湿地植被生态需水包括植物同化过程耗水、植物体内包含的水分、湿地植株表面蒸发耗水以及土壤蒸发耗水；湿地土壤需水和植物生长及其需水量密切相关，以土壤含水量为计算基础；生物栖息需水是指保持鱼类、鸟类等生物对栖息、繁殖栖息地规模质量要求所需要的基本水量。综合上述因素，计算出七星河湿地和挠力河湿地的年最小湿地生态需水量分别为 15000 万 m³ 和 73400 万 m³。

4. 农业净灌溉需水量

根据《黑龙江省地方标准（用水定额）》（DB22/T 727—2010），水田年灌溉用水定额为 425m³/亩，由于流域内其余种植类型无从统计但主要种植作物为玉米，因此其余旱田灌溉定额采用均值，每年 10m³/亩，且主要集中于 5 月，灌溉季各月的灌溉用水额度见表 8-30。

表 8-30　挠力河流域农业净灌溉定额　　　　　　　　　单位：m³/亩

用水定额	5 月	6 月	7 月	8 月	总量
水田	128	101	88	108	425
旱田	10	—	—	—	10

挠力河流域现有耕地面积 2042.80 万亩（2013 年），其中水田 632.80 万亩，旱田 1410.00 万亩。流域灌溉总面积 672.89 万亩（其中，水田 632.80 万亩，旱田 44.09 万亩），各个灌区农业灌溉面积，见表 8-31。

表 8-31　基准年各灌区水田和灌溉旱田面积统计　　　　　　　　　单位：万亩

灌区	水田	旱田	灌区	水田	旱田
宝清灌区	14.11	3.32	友谊灌区	81.30	11.12
龙头桥灌区	28.25	0.00	永久灌区	4.05	0.00
五九七灌区	17.16	0.00	双鸭山灌区	1.38	0.71
八五二灌区	14.90	2.72	集贤灌区	18.49	1.70
小索伦灌区	0.82	0.00	富锦灌区	126.19	3.80
大索伦灌区	2.00	0.00	七星灌区	87.06	3.84
蛤蟆通灌区	17.31	5.61	大兴灌区	40.90	0.00
八五三灌区	57.35	4.50	创业灌区	16.37	1.79
雁窝西灌区	3.13	0.00	红卫灌区	33.42	1.08
雁窝东灌区	3.18	0.00	胜利灌区	11.87	1.68
清河灌区	2.49	0.00	大佳河灌区	3.20	0.00
红岩灌区	7.71	0.00	小佳河灌区	0.97	0.00
红旗灌区	2.58	0.00	饶河灌区	16.66	2.09
红旗岭灌区	19.95	0.13	总和	632.80	44.09

　　根据流域农业发展规划，假定 2021—2035 年流域灌溉总面积和空间布局均不变；2036 年以后流域灌溉总面积发展为 916.13 万亩，其中灌溉水田面积 847.63 万亩，灌溉旱田面积 68.50 万亩，与基准期相比灌溉总面积增加了 239.24 万亩（其中，水田和旱田分别增加了 214.83 万亩和 24.41 万亩），详见表 8-32。

表 8-32　2036—2050 年各灌区水田和旱田面积规划　　　　单位：万亩

灌区	水田	旱田	灌区	水田	旱田
宝清灌区	30.25	3.32	友谊灌区	107.92	11.12
龙头桥灌区	43.10	0.00	永久灌区	4.05	0.00
五九七灌区	71.88	0.00	双鸭山灌区	1.38	2.53
八五二灌区	14.90	2.72	集贤灌区	20.62	1.70
小索伦灌区	0.82	0.00	富锦灌区	180.71	3.80
大索伦灌区	2.00	0.00	七星灌区	87.06	3.84
蛤蟆通灌区	46.76	28.20	大兴灌区	40.62	0.00
八五三灌区	69.13	4.50	创业灌区	16.37	1.79
雁窝西灌区	3.13	0.00	红卫灌区	33.42	1.08
雁窝东灌区	3.18	0.00	胜利灌区	11.87	1.68
清河灌区	2.49	0.00	大佳河灌区	3.20	0.00
红岩灌区	7.71	0.00	小佳河灌区	0.97	0.00
红旗灌区	5.52	0.00	饶河灌区	16.66	2.09
红旗岭灌区	21.91	0.13	总和	847.63	68.50

　　由于截至 2035 年农业灌溉面积不变，因此 2021—2035 年流域平均净灌溉需水量为 269380.90 万 m³，其中，水田净灌溉需水量为 268940.00 万 m³，旱田净灌溉需水量为 440.90 万 m³，各个灌区需水量见表 8-33。

表 8-33　基准年和 2021-2035 年各灌区农业净灌溉需水量　　　　单位：万 m³

灌区	水田	旱田	总和
宝清灌区	5996.75	33.20	6029.95
龙头桥灌区	12006.25	0.00	12006.25
五九七灌区	7293.00	0.00	7293.00
八五二灌区	6332.50	27.20	6359.70
小索伦灌区	348.50	0.00	348.50
大索伦灌区	850.00	0.00	850.00
蛤蟆通灌区	7356.75	56.10	7412.85
八五三灌区	24373.75	45.00	24418.75
雁窝西灌区	1330.25	0.00	1330.25
雁窝东灌区	1351.50	0.00	1351.50
清河灌区	1058.25	0.00	1058.25
红岩灌区	3276.75	0.00	3276.75
红旗灌区	1096.50	0.00	1096.50
红旗岭灌区	8478.75	1.30	8480.05
友谊灌区	34552.50	111.20	34663.70

续表

灌区	水田	旱田	总和
永久灌区	1721.25	0.00	1721.25
双鸭山灌区	586.50	7.10	593.60
集贤灌区	7858.25	17.00	7875.25
富锦灌区	53630.75	38.00	53668.75
七星灌区	37000.50	38.40	37038.90
大兴灌区	17382.50	0.00	17382.50
创业灌区	6957.25	17.90	6975.15
红卫灌区	14203.50	10.80	14214.30
胜利灌区	5044.75	16.80	5061.55
大佳河灌区	1360.00	0.00	1360.00
小佳河灌区	412.25	0.00	412.25
饶河灌区	7080.50	20.90	7101.40
总和	268940.00	440.90	269380.90

2036—2050 年流域平均净灌溉需水量为 360927.75 万 m^3，其中，水田净灌溉需水量为 360242.75 万 m^3，旱田净灌溉需水量为 685.00 万 m^3。与基准期相比，增加了 91546.85 万 m^3，其中，水田灌溉需水量增加了 91302.75 万 m^3，旱田增加了 244.10 万 m^3，各个灌区需水量见表 8-34。

表 8-34　2036—2050 年各灌区农业净灌溉需水量　　　单位：万 m^3

灌区	水田	旱田	总和
宝清灌区	12856.25	33.20	12889.45
龙头桥灌区	18317.50	0.00	18317.50
五九七灌区	30549.00	0.00	30549.00
八五二灌区	6332.50	27.20	6359.70
小索伦灌区	348.50	0.00	348.50
大索伦灌区	850.00	0.00	850.00
蛤蟆通灌区	19873.00	282.00	20155.00
八五三灌区	29380.25	45.00	29425.25
雁窝西灌区	1330.25	0.00	1330.25
雁窝东灌区	1351.50	0.00	1351.50
清河灌区	1058.25	0.00	1058.25
红岩灌区	3276.75	0.00	3276.75
红旗灌区	2346.00	0.00	2346.00
红旗岭灌区	9311.75	1.30	9313.05
友谊灌区	45866.00	111.20	45977.20
永久灌区	1721.25	0.00	1721.25
双鸭山灌区	586.50	25.30	611.80
集贤灌区	8763.50	17.00	8780.50
富锦灌区	76801.75	38.00	76839.75

续表

灌区	水田	旱田	总和
七星灌区	37000.50	38.40	37038.90
大兴灌区	17263.50	0.00	17263.50
创业灌区	6957.25	17.90	6975.15
红卫灌区	14203.50	10.80	14214.30
胜利灌区	5044.75	16.80	5061.55
大佳河灌区	1360.00	0.00	1360.00
小佳河灌区	412.25	0.00	412.25
饶河灌区	7080.50	20.90	7101.40
总和	360242.75	685.00	360927.75

5．流域总需水量

基准年挠力河流域总需水量为 365283.87 万 m³，人居生活和牲畜总需水量为 4971.37 万 m³，工业总需水量为 2531.60 万 m³，农业灌溉净需水量为 269380.90 万 m³，生态最小需水量为 88400.00 万 m³，详见表 8-35。

表 8-35　基准年各灌区总需水量　　单位：万 m³

灌区	生活、牲畜需水量	工业需水量	农业净需水量	生态需水量	总需水量
宝清灌区	1692.07	2244.00	6029.95	0.00	9966.02
龙头桥灌区	0.00	0.00	12006.25	0.00	12006.25
五九七灌区	177.39	0.00	7293.00	0.00	7470.39
八五二灌区	178.12	0.00	6359.70	0.00	6537.82
小索伦灌区	0.00	0.00	348.50	0.00	348.50
大索伦灌区	0.00	0.00	850.00	0.00	850.00
蛤蟆通灌区	0.00	0.00	7412.85	0.00	7412.85
八五三灌区	194.55	0.00	24418.75	0.00	24613.30
雁窝西灌区	0.00	0.00	1330.25	0.00	1330.25
雁窝东灌区	0.00	0.00	1351.50	0.00	1351.50
清河灌区	0.00	0.00	1058.25	0.00	1058.25
红岩灌区	0.00	0.00	3276.75	0.00	3276.75
红旗灌区	0.00	0.00	1096.50	0.00	1096.50
红旗岭灌区	128.48	0.00	8480.05	0.00	8608.53
友谊灌区	563.93	287.60	34663.70	0.00	35515.23
永久灌区	0.00	0.00	1721.25	0.00	1721.25
双鸭山灌区	569.40	0.00	593.60	0.00	1163.00
集贤灌区	335.44	0.00	7875.25	0.00	8210.69
富锦灌区	673.06	0.00	53668.75	0.00	54341.81
七星灌区	42.27	0.00	37038.90	0.00	37081.17
大兴灌区	103.30	0.00	17382.50	0.00	17485.80
创业灌区	28.84	0.00	6975.15	0.00	7003.99
红卫灌区	26.50	0.00	14214.30	0.00	14240.80

续表

灌区	生活、牲畜需水量	工业需水量	农业净需水量	生态需水量	总需水量
胜利灌区	36.50	0.00	5061.55	0.00	5098.05
大佳河灌区	0.00	0.00	1360.00	0.00	1360.00
小佳河灌区	0.00	0.00	412.25	0.00	412.25
饶河灌区	221.56	0.00	7101.40	0.00	7322.96
七星河保护区	0.00	0.00	0.00	15000.00	15000.00
挠力河保护区	0.00	0.00	0.00	73400.00	73400.00
总和	4971.37	2531.60	269380.90	88400.00	365283.87

2021—2035 年挠力河流域平均需水量为 370625.04 万 m³，较基准年增加了 5341.17 万 m³，详见表 8-36。

表 8-36　2021—2035 年各灌区需水量　　　　　　　　单位：万 m³

灌区	生活、牲畜需水量	工业需水量	农业净需水量	生态需水量	总需水量
宝清灌区	1966.90	6228.14	6029.95	0.00	14224.99
龙头桥灌区	0.00	0.00	12006.25	0.00	12006.25
五九七灌区	212.43	0.00	7293.00	0.00	7505.43
八五二灌区	217.36	0.00	6359.70	0.00	6577.06
小索伦灌区	0.00	0.00	348.50	0.00	348.50
大索伦灌区	0.00	0.00	850.00	0.00	850.00
蛤蟆通灌区	0.00	0.00	7412.85	0.00	7412.85
八五三灌区	244.49	0.00	24418.75	0.00	24663.24
雁窝西灌区	0.00	0.00	1330.25	0.00	1330.25
雁窝东灌区	0.00	0.00	1351.50	0.00	1351.50
清河灌区	0.00	0.00	1058.25	0.00	1058.25
红岩灌区	0.00	0.00	3276.75	0.00	3276.75
红旗灌区	0.00	0.00	1096.50	0.00	1096.50
红旗岭灌区	180.39	0.00	8480.05	0.00	8660.44
友谊灌区	728.70	823.64	34663.70	0.00	36216.04
永久灌区	0.00	0.00	1721.25	0.00	1721.25
双鸭山灌区	573.28	0.00	593.60	0.00	1166.88
集贤灌区	379.72	0.00	7875.25	0.00	8254.97
富锦灌区	751.26	0.00	53668.75	0.00	54420.01
七星灌区	49.72	0.00	37038.90	0.00	37088.62
大兴灌区	114.73	0.00	17382.50	0.00	17497.23
创业灌区	35.56	0.00	6975.15	0.00	7010.71
红卫灌区	34.70	0.00	14214.30	0.00	14249.00
胜利灌区	49.51	0.00	5061.55	0.00	5111.06
大佳河灌区	0.00	0.00	1360.00	0.00	1360.00
小佳河灌区	0.00	0.00	412.25	0.00	412.25
饶河灌区	253.61	0.00	7101.40	0.00	7355.01
七星河保护区	0.00	0.00	0.00	15000.00	15000.00
挠力河保护区	0.00	0.00	0.00	73400.00	73400.00
总和	5792.36	7051.78	269380.90	88400.00	370625.04

2036—2050 年挠力河流域平均需水量为 468952.42 万 m³，较基准年增加了 103668.55 万 m³，详见表 8-37。

表 8-37　2036—2050 年平均总需水量　　　单位：万 m³

灌区	生活、牲畜需水量	工业需水量	农业需水量	生态需水量	总需水量
宝清灌区	2387.08	11031.82	12889.45	0.00	26308.35
龙头桥灌区	0.00	0.00	18317.50	0.00	18317.50
五九七灌区	276.83	0.00	30549.00	0.00	30825.83
八五二灌区	277.83	0.00	6359.70	0.00	6637.53
小索伦灌区	0.00	0.00	348.50	0.00	348.50
大索伦灌区	0.00	0.00	850.00	0.00	850.00
蛤蟆通灌区	0.00	0.00	20155.00	0.00	20155.00
八五三灌区	323.19	0.00	29425.25	0.00	29748.44
雁窝西灌区	0.00	0.00	1330.25	0.00	1330.25
雁窝东灌区	0.00	0.00	1351.50	0.00	1351.50
清河灌区	0.00	0.00	1058.25	0.00	1058.25
红岩灌区	0.00	0.00	3276.75	0.00	3276.75
红旗灌区	0.00	0.00	2346.00	0.00	2346.00
红旗岭灌区	275.53	0.00	9313.05	0.00	9588.58
友谊灌区	979.02	1458.89	45977.20	0.00	48415.11
永久灌区	0.00	0.00	1721.25	0.00	1721.25
双鸭山灌区	581.16	0.00	611.80	0.00	1192.96
集贤灌区	459.30	0.00	8780.50	0.00	9239.80
富锦灌区	895.49	0.00	76839.75	0.00	77735.24
七星灌区	62.82	0.00	37038.90	0.00	37101.72
大兴灌区	132.32	0.00	17263.50	0.00	17395.82
创业灌区	47.84	0.00	6975.15	0.00	7022.99
红卫灌区	49.90	0.00	14214.30	0.00	14264.20
胜利灌区	73.35	0.00	5061.55	0.00	5134.90
大佳河灌区	0.00	0.00	1360.00	0.00	1360.00
小佳河灌区	0.00	0.00	412.25	0.00	412.25
饶河灌区	312.30	0.00	7101.40	0.00	7413.70
七星河保护区	0.00	0.00	0.00	15000.00	15000.00
挠力河保护区	0.00	0.00	0.00	73400.00	73400.00
总和	7133.96	12490.71	360927.75	88400.00	468952.42

二、供水量分析与预测

挠力河流域可供水资源量主要分析河道外可供水资源量，且地表水可供水量的计算规则为：当灌区地表供水水源是水库时，以入库水量为可供水资源量，当灌区供水水源为河道取水时，以 5—8 月地表水径流可利用量为可供水资源量。地下水的可供水量则以地下水可开采量为限制条件。另外，此时计算的可供水量，均没有扣除灌溉水损失以及水利工程供水能力等因素的影响。

基准年挠力河流域河道外可供水资源量为 262958.45 万 m^3，其中地表水可供水量 131088.24 万 m^3，地下水可供水量 131870.21 万 m^3，各灌区详细情况见表 8-38。

表 8-38   基准年各灌区平均可供水量   单位：万 m^3

灌区	当地地表水	地下水	总和
宝清灌区	6021.35	16861.36	22882.71
龙头桥灌区	16945.66	983.66	17929.32
五九七灌区	0.00	3653.33	3653.33
八五二灌区	0.00	7668.63	7668.63
小索伦灌区	2235.63	301.56	2537.19
大索伦灌区	2756.48	438.69	3195.17
蛤蟆通灌区	7366.35	1132.63	8498.98
八五三灌区	0.00	7806.32	7806.32
雁窝西灌区	26636.74	335.69	26972.43
雁窝东灌区	45032.78	301.96	45334.74
清河灌区	6432.32	817.44	7249.76
红岩灌区	0.00	581.66	581.66
红旗灌区	2819.57	2361.33	5180.90
红旗岭灌区	0.00	1699.63	1699.63
友谊灌区	0.00	13260.39	13260.39
永久灌区	5870.06	889.63	6759.69
双鸭山灌区	3256.00	3561.55	6817.55
集贤灌区	605.00	5963.58	6568.58
富锦灌区	0.00	20654.02	20654.02
七星灌区	0.00	6782.11	6782.11
大兴灌区	0.00	8506.32	8506.32
创业灌区	0.00	2721.87	2721.87
红卫灌区	0.00	2966.32	2966.32
胜利灌区	0.00	2789.63	2789.63
大佳河灌区	1016.85	1543.69	2560.54
小佳河灌区	846.90	1623.26	2470.16
饶河灌区	3246.56	15663.95	18910.51
总和	131088.24	131870.21	262958.45

在 RCP4.5 气候情景下，2021—2035 年挠力河流域河道外可供水资源量为 247730.54 万 m^3，其中地表水可供水量为 119026.78 万 m^3，地下水可供水量 128703.71 万 m^3；2036 —2050 年可供水资源量为 255032.33 万 m^3，其中地表水可供水量为 119068.07 万 m^3，地下水可供水量为 135964.26 万 m^3，各灌区详细情况见表 8-39。

表 8-39　RCP4.5 气候情景下 2021—2035 年和 2036—2050 年各灌区可供水量　　单位：万 m³

灌区	2021—2035 年			2036—2050 年		
	当地地表水	地下水	总和	当地地表水	地下水	总和
宝清灌区	5499.00	17311.99	22810.99	10925.37	19520.43	30445.80
龙头桥灌区	14974.74	1083.27	16058.01	11663.22	1230.93	12894.15
五九七灌区	0.00	3560.05	3560.05	0.00	4028.09	4028.09
八五二灌区	0.00	7335.24	7335.24	0.00	7822.64	7822.64
小索伦灌区	2169.80	252.29	2422.09	2368.12	276.59	2644.71
大索伦灌区	2560.70	416.03	2976.73	2716.56	443.01	3159.57
蛤蟆通灌区	6907.16	1077.48	7984.64	7210.69	1118.60	8329.29
八五三灌区	0.00	7898.91	7898.91	0.00	8074.64	8074.64
雁窝西灌区	24791.84	321.21	25113.05	26705.99	326.35	27032.34
雁窝东灌区	42303.58	280.21	42583.79	40326.06	296.33	40622.39
清河灌区	5462.52	818.93	6281.45	5411.46	822.41	6233.87
红岩灌区	0.00	597.84	597.84	0.00	606.20	606.20
红旗灌区	2095.19	2241.89	4337.08	1855.26	2287.83	4143.09
红旗岭灌区	0.00	1586.12	1586.12	0.00	1554.62	1554.62
友谊灌区	0.00	13325.55	13325.55	0.00	14401.17	14401.17
永久灌区	3931.44	933.06	4864.50	2634.75	1065.80	3700.55
双鸭山灌区	3256.00	3728.22	6984.22	2251.00	4216.34	6467.34
集贤灌区	530.05	6064.87	6594.92	513.23	6840.17	7353.40
富锦灌区	0.00	20205.35	20205.35	0.00	21670.33	21670.33
七星灌区	0.00	6313.48	6313.48	0.00	6244.04	6244.04
大兴灌区	0.00	8495.24	8495.24	0.00	8557.41	8557.41
创业灌区	0.00	2653.94	2653.94	0.00	2620.88	2620.88
红卫灌区	0.00	2799.71	2799.71	0.00	2762.28	2762.28
胜利灌区	0.00	2528.52	2528.52	0.00	2472.78	2472.78
大佳河灌区	848.93	1543.70	2493.58	733.94	1533.10	2267.04
小佳河灌区	949.88	1784.64	2633.57	821.23	1753.75	2574.98
饶河灌区	2746.00	13545.97	16291.97	2931.20	13417.54	16348.74
总和	119026.83	128703.71	247730.54	119068.07	135964.26	255032.33

在 RCP8.5 气候情景下，2021—2035 年挠力河流域河道外可供水资源量为 181181.27 万 m³，其中地表水可供水量为 83383.74 万 m³，地下水可供水量为 97797.53 万 m³；2036—2050 年可供水资源量为 256518.93 万 m³，其中地表水可供水量为 116210.25 万 m³，地下水可供水量为 140308.68 万 m³，各灌区详细情况见表 8-40。

表 8-40　RCP8.5 气候情景下 2021—2035 年和 2036—2050 年各灌区可供水量　　单位：万 m³

灌区	2021—2035 年			2036—2050 年		
	当地地表水	地下水	总和	当地地表水	地下水	总和
宝清灌区	4576.31	13149.65	17725.96	11063.73	20070.65	31134.38
龙头桥灌区	10230.15	729.60	10959.75	11363.78	1187.48	12551.26
五九七灌区	0.00	2603.71	2603.71	0.00	4134.28	4134.28

灌区	2021—2035 年			2036—2050 年		
	当地地表水	地下水	总和	当地地表水	地下水	总和
八五二灌区	0.00	5834.37	5834.37	0.00	7988.58	7988.58
小索伦灌区	1722.72	199.71	1922.43	2447.22	284.18	2731.40
大索伦灌区	2061.30	328.83	2390.13	2797.59	458.51	3256.10
蛤蟆通灌区	5801.13	880.98	6682.11	7423.44	1156.75	8580.19
八五三灌区	0.00	6254.09	6254.09	0.00	8314.98	8314.98
雁窝西灌区	17179.71	287.36	17467.07	23866.94	322.41	24189.35
雁窝东灌区	28796.02	253.56	29049.58	40382.65	306.20	40688.85
清河灌区	4376.93	648.20	5025.13	5695.12	853.43	6548.55
红岩灌区	0.00	478.55	478.55	0.00	630.24	630.24
红旗灌区	1660.66	1793.76	3454.42	2102.76	2369.40	4472.16
红旗岭灌区	0.00	1243.00	1243.00	0.00	1634.90	1634.90
友谊灌区	0.00	9058.53	9058.53	0.00	14457.44	14457.44
永久灌区	1514.78	656.23	2171.01	1950.23	1102.72	3052.95
双鸭山灌区	1315.67	2621.31	3936.98	1378.63	4311.58	5690.21
集贤灌区	357.69	4251.09	4608.78	576.56	6968.52	7545.08
富锦灌区	0.00	15063.71	15063.71	0.00	22373.90	22373.90
七星灌区	0.00	5036.56	5036.56	0.00	6563.44	6563.44
大兴灌区	0.00	6519.62	6519.62	0.00	8913.22	8913.22
创业灌区	0.00	2146.25	2146.25	0.00	2762.76	2762.76
红卫灌区	0.00	2239.56	2239.56	0.00	2925.85	2925.85
胜利灌区	0.00	2022.70	2022.70	0.00	2622.87	2622.87
大佳河灌区	703.65	1227.23	1930.88	845.84	1622.41	2468.25
小佳河灌区	771.84	1412.38	2184.22	950.48	1876.75	2827.23
饶河灌区	2315.18	10856.99	13172.17	3365.28	14095.23	17460.51
总和	83383.74	97797.53	181181.27	116210.25	140308.68	256518.93

第五节　水资源优化配置模型构建与求解

一、水资源系统网络节点图制定

根据挠力河流域水资源利用情况，分别考虑水资源、社会经济和流域生态三大系统，以节点、水传输系统构建流域水资源配置系统网络节点图，反映流域水资源系统的供、用、耗、排关系。节点包括水源节点、需水节点、输水节点和排水节点等。其中，水库、引水枢纽、地下水管井均为水源节点；灌区和湿地保护区均为需水节点；河流、渠道的交汇点活分水点等均为输水节点。概化后流域水资源系统被分为 27 个灌区（其中地下水和地表水联合利用灌区 13 个，只地表水灌溉灌区 2 个，只地下水灌溉灌区 12 个）、5 个水库、4 个河道关键断面和 2 个自然保护区。挠力河流域水资源系统网络节点图，如图 8-24 所示。

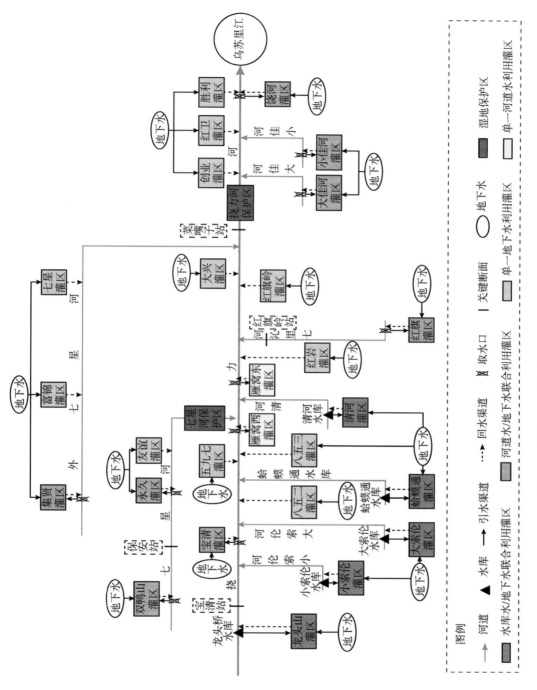

图 8-24 挠力河流域水资源配置网络节点图

二、水资源利用情景设置

依据我国正在实施的最严格水资源管理制度中的总量控制原则，结合流域的实际调研情况和"引松补挠"工程未来规划，在保证流域生活、工业和生态需水的前提下，通过流域水资源的优化配置，最大限度满足农业灌溉需水，保障流域粮食生产安全。分别考虑规划水平年（2021—2050 年）灌溉水有效利用率和水利工程供水能力，分别设定了 2 种水资源利用情景，每种情景下根据近期规划水平年（2021—2035 年）和远期规划水平年（2036—2050 年）的水资源量供需变化和龙头桥水库的未来供水目标以及修建"引松补挠"工程，分别设置 4 种方案。

（1）水资源利用情景一。2021—2050 年维持现状水利工程供水能力，地表水灌溉系数 0.53 和地下水灌溉系数 0.9 不变，根据 RCP4.5、RCP8.5 两种气候情景下不同规划水平年水资源量供需变化和龙头桥水库的未来供水目标，设置四种方案，见表 8-41。

表 8-41　情景一水资源配置方案设置

方案	气候情景	规划年	总需水量/亿 m³	水资源量/亿 m³		水利工程
				径流量	地下水可开采量	
方案一	RCP4.5	近期规划年（2021—2035 年）	37.06	20.78	14.70	不变
方案二	RCP4.5	远期规划年（2036—2050 年）	46.90	22.00	15.53	龙头桥水库改为神华宝清煤电化基地供水，设计工业供水量为 0.48 亿 m³，其余水量用于灌溉
方案三	RCP8.5	近期规划年（2021—2035 年）	37.06	15.35	11.18	同方案一
方案四	RCP8.5	远期规划年（2036—2050 年）	46.90	22.95	16.04	同方案二

（2）水资源利用情景二。2021—2050 年地表水灌溉利用系数提高至 0.6，地下水灌溉利用系数 0.9 不变；近期规划年（2021—2035 年）维持现状水利工程供水能力不变，远期规划年（2036—2050 年）调整龙头桥水库的未来供水目标和假定"引松补挠"调水工程投入使用，设置四种方案，见表 8-42。

表 8-42　情景二水资源配置方案设置

方案	气候情景	规划年	总需水量/亿 m³	水资源量/亿 m³		水利工程
				径流量	地下水可开采量	
方案一	RCP4.5	近期规划年（2021—2035 年）	37.06	20.78	14.70	不变
方案二	RCP4.5	远期规划年（2036—2050 年）	46.90	22.00	15.53	龙头桥水库改为神华宝清煤电化基地供水，设计工业供水量为 0.48 亿 m³，其余水量用于灌溉；同时修建"引松补挠"工程，为农业灌溉供水和湿地保护区补水
方案三	RCP8.5	近期规划年（2021—2035 年）	37.06	15.35	11.18	同方案一
方案四	RCP8.5	远期规划年（2036—2050 年）	46.90	22.95	16.04	同方案二

三、配置原则与相关假定

1. 配置原则

挠力河流域水资源的优化配置，主要遵循以下原则：

（1）综合利用水资源，保障社会、经济、生态可持续发展，以水资源综合利用为核心，优化配置流域内的地下水和地表水资源，通过外调水、本地地表水和地下水联合调控的方式，实现水资源的合理配置。

（2）各用水户的供水顺序依次为：生活、工业、生态和农业，即流域水资源优先保证生活需水、工业需水和生态需水，多余水量供给农业。

（3）水资源配置为用水户供水顺序依次为：本地地表水、地下水和外调水。其中，生活需水和工业需水以地下水为主，湿地生态需水为本地地表水和外调水，农业灌溉需水依次为本地地表水、地下水和外调水。

（4）公平公正原则，地方与农场、流域上中下游要统筹兼顾。

（5）正确处理好流域水资源开发与上、中、下游生态环境保护的关系，满足流域生态环境对水资源的需求。

2. 相关假定

为实现流域水资源的优化配置，本模型相关假定如下：

（1）计算单元的当地径流，供水对象限于所在计算单元。

（2）每个地表水供水工程仅为其指定的供水区进行供水。水库满足供水任务和满足河道和湿地生态需水后，剩余水量在水库中存蓄，当水库达到兴利水位后，尚有多余水量时，水量下泄。

（3）假定每个计算单元的地下水潜水层为一个地下水库，并且不考虑地下水库间的水力联系。同时，根据含水层的特性，认为地下水库具有跨年调节的特性，并且地下水库的供水对象限定于所在计算单元。

（4）退水系数。根据实地调研结果和"引松补挠"工程规划，分别设置水田退水系数为 0.08，工业退水系数为 0.2，城镇生活的退水系数为 0.7，农村生活和旱田退水系数为 0。

（5）灌溉水回归系数。根据流域水文地质条件，和已有的研究成果，将灌溉水回归系数设置为 0.15（杨湘奎 等，2008）。

四、模型构建与求解

1. 配置目标

根据前面所述，挠力河流域水资源系统优化调配的目标是，在保证生态、工业和生活用水的基础上，提高农业用水保证率，故目标函数以流域总缺水量最小为目标：

$$W_{q(i)} = \min \sum_{j}^{J} \sum_{r}^{R} \sum_{n}^{N} \max \left\{ 0, W_x(i,j,n,r) - \left[W_{g(sw)}(i,j,n,r) + W_{g(gw)}(i,j,n,r) \right] \right\} \quad (8\text{-}4)$$

式中：$W_{q(i)}$ 为第 i 年缺水量，万 m³，$i=1,2,3,L,30$；j 为月份，$j=1,2,3,L,12$，$J=12$；r 为用水户类型；$R=4$，$r=1,2,3,4$，（$r=1$ 时代表生态缺水量；$r=2$ 时代表工业缺水量，$r=3$

时代表生活缺水量；$r=4$ 时代表农业灌溉缺水量）；n 为灌区数，$n=1,2,3,L$，27，$N=27$。$W_x(i,j,n,r)$ 为第 i 年第 j 月第 n 个灌区第 r 个用水部门需水量，万 m³；$W_{g(sw)}(i,j,n,r)$ 为第 i 年第 j 月第 n 个灌区向第 r 个用水部门的地表水供水量，万 m³；$W_{g(gw)}(i,j,n,r)$ 为第 i 年第 j 月第 n 个灌区向第 r 个用水部门地下水供水量，万 m³。

2. 约束条件

（1）可供水量约束，水源供给各用水部门的供水量不应多于其可供水量。

$$\sum_{r=1}^{R} W_{g(gw)}(i,j) \leqslant W_{kg(gw)}(i,j), \qquad \sum_{r=1}^{R} W_{g(sw)}(i,j) \leqslant W_{kg(sw)}(i,j) \tag{8-5}$$

式中：$\sum_{r=1}^{R} W_{g(gw)}(i,j)$ 为第 i 年第 j 月地下水供水量，万 m³；$W_{kg(gw)}(i,j)$ 为第 i 年第 j 月地下水可供水量，万 m³；$\sum_{r=1}^{R} W_{g(sw)}(i,j)$ 为第 i 年第 j 月地表水供水量，万 m³；$W_{kg(sw)}(i,j,n)$ 为第 i 年第 j 月地表水可供水量，万 m³。

（2）湿地生态需水量约束，湿地生态地表水供水量不应少于其最小生态需水量。

$$\sum_{j=1}^{J} \sum_{r=1}^{1} \left[W_{g(sw)}(i) \right] \geqslant W_{x(r=1)}(i) \tag{8-6}$$

式中：$\sum_{j=1}^{J} \sum_{r=1}^{1} \left[W_{g(sw)}(i) \right]$ 为第 i 年湿地生态供水量，万 m³；$W_{x(r=1)}(i)$ 为第 i 年湿地最小生态需水量，万 m³。

（3）河道生态需水量约束，流域内生态需水主要为河道内生态需水，因此供给生态需水的地表水供水量不应少于其最低生态需水量。

$$\sum_{r=1}^{1} W_{g(sw)}(i,j) \geqslant W_{x(r=1)}(i,j) \tag{8-7}$$

式中：$\sum_{r=1}^{1} W_{g(sw)}(i,j)$ 为第 i 年第 j 月河道生态供水量，万 m³；$W_{x(r=1)}(i,j)$ 为第 i 年第 j 月最小河道生态需水量，万 m³。

（4）灌溉用水约束，水源供给农业灌溉的供水量不应多于其需水量。

$$\sum_{r=4}^{4} \left[W_{g(gw)}(i,j,n) + W_{g(sw)}(i,j,n) \right] \leqslant W_{x(r=4)}(i,j,n) \tag{8-8}$$

式中：$\sum_{r=4}^{4} \left[W_{g(gw)}(i,j,n) + W_{g(sw)}(i,j,n) \right]$ 为第 i 年第 j 月第 n 个灌区农业灌溉的供水量，万 m³；$W_{x(r=4)}(i,j,n)$ 为第 i 年第 j 月第 n 个灌区农业灌溉的需水量，万 m³。

（5）水库库容约束，各水库库容不应超过水库库容的上限和下限。

$$V_m^{\min}(j) \leqslant V_m(i,j) \leqslant V_m^{\max}(j) \tag{8-9}$$

式中：$V_m(i,j)$ 为第 i 年第 j 月第 m 个水库的水库库容（$m=1,2,3,4,5$），万 m³；$V_m^{\min}(j)$ 和 $V_m^{\max}(j)$ 为第 m 个水库第 i 年第 j 月的水库库容下限和上限，万 m³。

（6）系统水量平衡约束，流域系统的水量在各时段必须满足水量平衡约束。

$$\left[W_{(gw)}(i,j) + W_{(sw)}(i,j) \right]_{\text{天然}} = W_g(i,j) + W_{\text{损失}}(i,j) \pm W_{\text{地下存储}}(i,j) \pm W_{m(\text{水库供、蓄水})}(i,j) \tag{8-10}$$

式中：$\left[W_{(gw)}(i,j)+W_{(sw)}(i,j)\right]_{天然}$ 为第 i 年第 j 月地表水、地下水水资源总量，万 m^3；$W_g(i,j)$ 为第 i 年第 j 月的供水量，万 m^3；$W_{损失}(i,j)$ 为第 i 年第 j 月的损失量，万 m^3；$W_{地下存储}(i,j)$ 为第 i 年第 j 月的地下水存储量（"+"代表存储，"-"代表超采），万 m^3；$W_{m(水库供、蓄水)}(i,j)$ 为第 i 年第 j 月末第 m 个水库库容与初库容之差（"+"代表水库蓄水，"-"代表水库供水），万 m^3。

3. 水资源优化配置模型求解

本研究对水资源优化配置模型的求解，采用粒子群优化算法（PSO）（Reynolds，1987）。

（1）粒子群优化算法原理。假设在一个 D 维的目标搜索空间中，有 m 个粒子组成一个群落，其中第 i 个粒子的空间位置为 X_i：

$$X_i=(x_{i1},x_{i2},\text{L},x_{iD})\ ,\quad i=1,2,3,\text{L},m \tag{8-11}$$

第 i 个粒子的"飞行"速度也是一个 D 维的向量，记为

$$V_i=(v_{i1},v_{i2},\text{L},v_{iD})\ ,\quad i=1,2,3,\text{L},m \tag{8-12}$$

第 i 个粒子迄今为止搜索到的最优位置称为个体历史最优位置，记为

$$P_i=(p_{i1},p_{i2},\text{L},p_{iD})\ ,\quad i=1,2,3,\text{L},m \tag{8-13}$$

整个粒子群迄今为止搜索到的最优位置为全局历史最优位置，记为

$$P_g=(p_{g1},p_{g2},\text{L},p_{gD})\ ,\quad i=1,2,3,\text{L},m \tag{8-14}$$

在找到这两个最优值时，粒子的第 d 维（$1\leqslant d\leqslant D$）的速度和位置的更新迭代公式如下：

$$V_{id}^{n+1}=\omega V_{id}^n+c_1r_1\left(p_{id}^n-X_{id}^n\right)+c_2r_2\left(p_{gd}^n-X_{id}^n\right) \tag{8-15}$$

$$X_{id}^{n+1}=X_{id}^n+V_{id}^n \tag{8-16}$$

式中：ω 为惯性权值；c_1 和 c_2 为学习因子，也称加速常数（acceleration constant）；r_1 和 r_2 为 $[0，1]$ 范围内的均匀随机数。第 d 维粒子元素的位置变化范围和速度变化范围分别限制为 $\left[X_{d,\min},X_{d,\max}\right]$ 和 $\left[V_{d,\min},V_{d,\max}\right]$。迭代过程中，若某一维粒子元素的 X_{id} 或 V_{id} 超出边界值则令其等于边界值。

式（8-15）右边由三部分组成，第一部分为"惯性（inertia）"或"动量（momentum）"部分，象征着粒子的运动"习惯（habit）"，表示粒子有维持自己先前速度的趋势；第二部分为"认知（cognition）"部分，象征着粒子对自身历史经验的记忆（memory）或回忆（remembrance），表示粒子有向自身历史最佳位置逼近的趋势；第三部分为"社会（social）"部分，象征着粒子间协同合作与知识共享的群体历史经验，表示粒子有向群体或邻域历史最佳位置逼近的趋势。

（2）算法流程如下：

1）初始化，为各灌区配水。

2）根据目标函数计算各灌区配水的适应度值，并初始化每个灌区和整个流域的最优配置方案。

3）根据速度、位置更新公式和各灌区的配水方案。

4）更新各灌区的历史最优配置方案以及流域最优配置方案。

5）判断是否满足结束条件，如果满足(误差足够好或到达最大循环次数)，搜索停止，输出搜索结果；否则返回步骤 2）。

第六节 水资源优化配置结果分析

一、基准年的水资源优化配置结果分析

基准年挠力河流域河道外年净需水量为 276883.87 万 m³，优化后，总净供水量为 117093.42 万 m³，其中，地表水净供水量为 19602.49 万 m³，毛供水量为 36044.39 万 m³，地下水净供水量为 97278.93 万 m³，毛供水量为 108087.70 万 m³；流域生活、工业不缺水，农业灌溉缺水量为 159790.45 万 m³；总缺水率为 57.71%，其中缺水率较大（>50%）的灌区有五九七灌区、八五三灌区、红岩灌区、红旗岭灌区、友谊灌区、富锦灌区、七星灌区、大兴灌区、创业灌区、红卫灌区和胜利灌区，缺水率分别为 55.99%、71.46%、84.02%、82.23%、66.14%、83.54%、56.22%、65.02%、81.25%和 50.75%。各灌区供需平衡分析结果，详见表 8-43。

表 8-43 基准年各灌区优化配置结果

序号	灌区	净需水量/万 m³	净供水量/万 m³			缺水量/万 m³	缺水率/%
			当地地表水	地下水	总和		
1	宝清灌区	9966.02	1585.42	8380.60	9966.02	0.00	0.00
2	龙头桥灌区	12006.25	7410.04	885.29	8295.33	3710.92	30.91
3	五九七灌区	7470.39	0.00	3288.00	3288.00	4182.39	55.99
4	八五二灌区	6537.82	0.00	6537.82	6537.82	0.00	0.00
5	小索伦灌区	348.50	284.48	64.02	348.50	0.00	0.00
6	大索伦灌区	850.00	537.95	312.05	850.00	0.00	0.00
7	蛤蟆通灌区	7412.85	3460.25	1019.37	4479.62	2933.23	39.57
8	八五三灌区	24613.30	0.00	7025.69	7025.69	17587.61	71.46
9	雁窝西灌区	1330.25	1330.25	0.00	1330.25	0.00	0.00
10	雁窝东灌区	1351.50	1351.50	0.00	1351.50	0.00	0.00
11	清河灌区	1058.25	929.23	129.02	1058.25	0.00	0.00
12	红岩灌区	3276.75	0.00	523.49	523.49	2753.26	84.02
13	红旗灌区	1096.50	478.94	617.56	1096.50	0.00	0.00
14	红旗岭灌区	8608.53	0.00	1529.67	1529.67	7078.86	82.23
15	友谊灌区	35515.23	0.00	12024.35	12024.35	23490.87	66.14
16	永久灌区	1721.25	819.66	800.67	1620.33	100.92	5.86
17	双鸭山灌区	1163.00	0.00	1163.00	1163.00	0.00	0.00
18	集贤灌区	8210.69	164.44	5367.22	5531.66	2679.03	32.63
19	富锦灌区	54341.81	0.00	18588.62	18588.62	35753.19	65.79

续表

序号	灌区	净需水量/万 m³	净供水量/万 m³			缺水量/万 m³	缺水率/%
			当地地表水	地下水	总和		
20	七星灌区	37081.17	0.00	6103.90	6103.90	30977.27	83.54
21	大兴灌区	17485.80	0.00	7655.69	7655.69	9830.11	56.22
22	创业灌区	7003.99	0.00	2449.68	2449.68	4554.30	65.02
23	红卫灌区	14240.80	0.00	2669.69	2669.69	11571.11	81.25
24	胜利灌区	5098.05	0.00	2510.67	2510.67	2587.38	50.75
25	大佳河灌区	1360.00	354.88	1005.12	1360.00	0.00	0.00
26	小佳河灌区	412.25	190.19	222.06	412.25	0.00	0.00
27	饶河灌区	7322.96	705.27	6405.69	7322.96	0.00	0.00
	总和	276883.87	19602.49	97278.93	117093.42	159790.45	57.71

优化后的水资源配置结果与现状年相比，地表水开采量减少了 3801.30 万 m³，主要原因是调整了流域水资源的供水顺序，即优先考虑河道生态基流和湿地生态用水，增加了对生态的补水量，改变了现状河道水资源开发，后文中均以此为原则不再进行赘述。优化前后，挠力河流域湿地保护区的年径流补给量对比分析，见表 8-44。

表 8-44　基准年湿地保护区年径流补给量对比

七星河湿地保护区/万 m³	15000	12927.25	2072.75	15783.15	0.00
挠力河湿地保护区/万 m³	73000	189121.39	0.00	192522.69	0.00

二、规划水平年的水资源优化配置结果分析

（一）情景一水资源优化配置结果分析

1. 方案一流域水资源优化配置结果分析

RCP4.5 情景下，近期规划水平年（2021—2035 年）挠力河流域河道外多年平均净需水量为 282225.04 万 m³，优化配置后，多年平均净供水量为 117580.10 万 m³，其中，地表水净供水量为 17881.42 万 m³，毛供水量为 33738.52 万 m³，地下水净供水量为 99698.69 万 m³，毛供水量为 110776.32 万 m³；流域生活、工业不缺水，农业灌溉缺水量为 164644.94 万 m³；平均总缺水率为 58.34%。其中，2027 年缺水量最多，为 232836.10 万 m³，缺水率为 82.80%，2033 年缺水量最少，为 116492.52 万 m³，缺水率为 40.80%（图 8-25）。

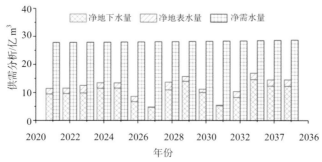

图 8-25　RCP4.5 情景下 2021—2035 年河道外水资源优化配置结果

在各个灌区水资源优化配置中，多年平均缺水率较大（>50%）的灌区有五九七灌区、八五三灌区、红岩灌区、红旗岭灌区、友谊灌区、富锦灌区、七星灌区、大兴灌区、创业灌区、红卫灌区和胜利灌区，多年平均缺水率分别为57.31%、71.18%、83.58%、83.52%、66.88%、66.58%、84.68%、56.30%、65.93%、82.32%和55.48%。各灌区供需平衡分析结果，详见表8-45。

优化配置后，RCP4.5 情景下，近期规划水平年（2021—2035 年）挠力河流域七星河湿地保护区多年平均湿地生态缺水量为 3923.65 万 m³，其中，2027 年缺水量最多，为 13862.05 万 m³[图 8-26（a）]；挠力河湿地保护区多年平均湿地生态缺水量为 4962.41 万 m³，其中，2027 年，缺水量最多，为 44939.83 万 m³[图 8-26（b）]。

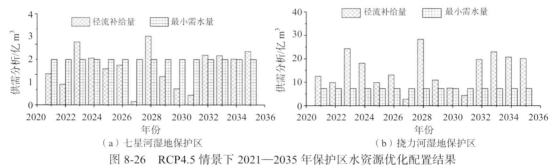

（a）七星河湿地保护区   （b）挠力河湿地保护区

图 8-26 RCP4.5 情景下 2021—2035 年保护区水资源优化配置结果

表 8-45 RCP4.5 情景下 2021—2035 年各灌区优化配置结果

序号	灌区	净需水量/万 m³	净供水量/万 m³			缺水量/万 m³	缺水率/%
			当地地表水	地下水	总和		
1	宝清灌区	14224.99	1486.38	12468.61	13954.99	270.00	1.90
2	龙头桥灌区	12006.25	6034.62	937.96	6972.59	5033.66	41.93
3	五九七灌区	7505.43	0.00	3204.05	3204.05	4301.39	57.31
4	八五二灌区	6577.06	0.00	6371.12	6371.12	205.94	3.13
5	小索伦灌区	348.50	278.95	58.95	337.90	10.60	3.04
6	大索伦灌区	850.00	546.31	261.29	807.60	42.40	4.99
7	蛤蟆通灌区	7412.85	3336.98	938.67	4275.65	3137.20	42.32
8	八五三灌区	24663.24	0.00	7109.02	7109.02	17554.22	71.18
9	雁窝西灌区	1330.25	1314.35	0.00	1314.35	15.90	1.20
10	雁窝东灌区	1351.50	1319.78	0.00	1319.78	31.72	2.35
11	清河灌区	1058.25	992.97	52.38	1045.35	12.90	1.22
12	红岩灌区	3276.75	0.00	538.06	538.06	2738.69	83.58
13	红旗灌区	1096.50	484.17	588.06	1072.23	24.27	2.21
14	红旗岭灌区	8660.44	0.00	1427.51	1427.51	7232.93	83.52
15	友谊灌区	36216.04	0.00	11993.00	11993.00	24223.05	66.88
16	永久灌区	1721.25	845.79	810.46	1656.25	65.00	3.78

续表

序号	灌区	净需水量/万 m³	净供水量/万 m³			缺水量/万 m³	缺水率/%
			当地地表水	地下水	总和		
17	双鸭山灌区	1166.88	135.51	988.37	1123.88	43.00	3.69
18	集贤灌区	8254.97	148.89	5258.36	5407.25	2847.72	34.50
19	富锦灌区	54420.01	0.00	18184.82	18184.82	36235.20	66.58
20	七星灌区	37088.62	0.00	5682.13	5682.13	31406.49	84.68
21	大兴灌区	17497.23	0.00	7645.72	7645.72	9851.51	56.30
22	创业灌区	7010.71	0.00	2388.55	2388.55	4622.16	65.93
23	红卫灌区	14249.00	0.00	2519.74	2519.74	11729.26	82.32
24	胜利灌区	5111.06	0.00	2275.67	2275.67	2835.39	55.48
25	大佳河灌区	1360.00	227.73	1078.39	1306.12	53.88	3.96
26	小佳河灌区	412.25	205.10	190.93	396.03	16.22	3.93
27	饶河灌区	7355.01	523.88	6726.89	7250.77	104.24	1.42
	总和	282225.04	17881.42	99698.69	117580.10	164644.94	58.34

2. 方案二流域水资源优化配置结果分析

RCP4.5 情景下，远期规划水平年（2036—2050 年）挠力河流域河道外多年平均净需水量为 380552.42 万 m³，优化配置后，净供水量为 131041.74 万 m³，其中，地表水净供水量为 21690.79 万 m³，毛供水量为 36669.41 万 m³，地下水净供水量为 109561.15 万 m³，毛供水量为 121846.38 万 m³；流域生活、工业不缺水，农业灌溉缺水量为 249510.69 万 m³；总缺水率为 65.57%。其中，2046 年缺水量最多，为 293512.50 万 m³，缺水率为 76.52%，2040 年缺水量最少，为 202391.79 万 m³，缺水率为 53.73%（图 8-27）。

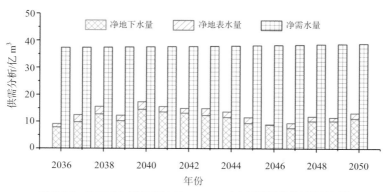

图 8-27　RCP4.5 情景下 2036—2050 年水资源优化配置结果

在各个灌区水资源优化配置中，多年平均缺水率较大（>50%）的灌区有龙头桥灌区、五九七灌区、蛤蟆通灌区、八五三灌区、红岩灌区、红旗岭灌区、友谊灌区、富锦灌区、七星灌区、大兴灌区、创业灌区、红卫灌区和胜利灌区，缺水率分别为 70.70%、88.24%、76.43%、75.57%、83.35%、85.41%、73.23%、74.91%、84.85%、55.73%、66.41%、82.57% 和 56.66%，与基准期相比，缺水率增加更大。各灌区供需平衡分析结果，详见表 8-46。

表 8-46　RCP4.5 情景下 2036—2050 年各灌区优化配置结果

序号	灌区	净需水量/万 m³	净供水量/万 m³			缺水量/万 m³	缺水率/%
			当地地表水	地下水	总和		
1	宝清灌区	26308.35	6260.87	17568.39	23829.26	2479.09	9.42
2	龙头桥灌区	18317.50	4258.71	1107.84	5366.55	12950.95	70.70
3	五九七灌区	30825.83	0.00	3625.28	3625.28	27200.55	88.24
4	八五二灌区	6637.53	0.00	6637.53	6427.33	210.20	3.17
5	小索伦灌区	348.50	305.56	31.54	337.10	11.40	3.27
6	大索伦灌区	850.00	706.00	135.00	841.00	9.00	1.06
7	蛤蟆通灌区	20155.00	3743.94	1006.74	4750.68	15404.32	76.43
8	八五三灌区	29748.44	0.00	7267.18	7267.18	22481.26	75.57
9	雁窝西灌区	1330.25	1311.91	0.00	1311.91	18.34	1.38
10	雁窝东灌区	1351.50	1318.92	0.00	1318.92	32.58	2.41
11	清河灌区	1058.25	1002.09	36.22	1038.31	19.94	1.88
12	红岩灌区	3276.75	0.00	545.58	545.58	2731.17	83.35
13	红旗灌区	2346.00	532.41	1708.59	2241.00	105.00	4.48
14	红旗岭灌区	9588.58	0.00	1399.16	1399.16	8189.42	85.41
15	友谊灌区	48415.11	0.00	12961.05	12961.05	35454.06	73.23
16	永久灌区	1721.25	646.28	964.97	1611.25	110.00	6.39
17	双鸭山灌区	1192.96	347.45	824.71	1172.16	20.80	1.74
18	集贤灌区	9239.80	144.17	6156.15	6300.32	2939.48	31.81
19	富锦灌区	77735.24	0.00	19503.30	19503.30	58231.94	74.91
20	七星灌区	37101.72	0.00	5619.64	5619.64	31482.08	84.85
21	大兴灌区	17395.82	0.00	7701.67	7701.67	9694.15	55.73
22	创业灌区	7022.99	0.00	2358.79	2358.79	4664.20	66.41
23	红卫灌区	14264.20	0.00	2486.05	2486.05	11778.15	82.57
24	胜利灌区	5134.90	0.00	2225.50	2225.50	2909.40	56.66
25	大佳河灌区	1360.00	161.91	1107.09	1269.00	91.00	6.69
26	小佳河灌区	412.25	127.19	274.12	401.31	10.94	2.65
27	饶河灌区	7413.70	823.37	6309.08	7132.45	281.25	3.79
	总和	380552.42	21690.79	109561.15	131041.74	249510.69	65.57

　　优化配置后，RCP4.5 情景下，远期规划水平年（2036—2050 年）挠力河流域七星河湿地保护区多年平均湿地生态缺水量为 2846.27 万 m³，其中，2046 年缺水量最多，为 13453.07 万 m³[图 8-28（a）]；挠力河湿地保护区多年平均湿地生态缺水量为 3300.99 万 m³，其中，2046 年，缺水量最多，为 49514.90 万 m³[图 8-28（b）]。

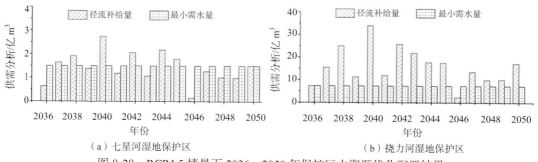

图 8-28 RCP4.5 情景下 2036—2050 年保护区水资源优化配置结果

3. 方案三流域水资源优化配置结果分析

RCP8.5 情景下，近期规划水平年（2021—2035 年）挠力河流域河道外多年平均净需水量为 282225.04 万 m³，优化配置后，多年平均净供水量为 93755.03 万 m³，其中，地表水净供水量为 13428.87 万 m³，毛供水量为 25337.48 万 m³，地下水净供水量为 80326.17 万 m³，毛供水量为 89251.30 万 m³；流域生活、工业不缺水，农业灌溉缺水量为 188470.01 万 m³；平均总缺水率为 66.78%。其中，2028 年缺水量最多，为 252595.75 万 m³，缺水率为 89.64%，2021 年缺水量最少，为 80596.09 万 m³，缺水率为 28.95%（图 8-29）。

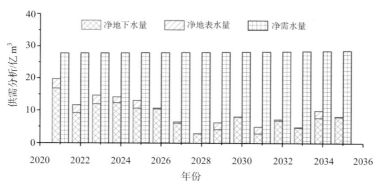

图 8-29 RCP8.5 情景下 2021—2035 年水资源优化配置结果

在各个灌区水资源优化配置中，多年平均缺水率较大（>50%）的灌区有龙头桥灌区、五九七灌区、蛤蟆通灌区、八五三灌区、红岩灌区、红旗岭灌区、友谊灌区、永久灌区、集贤灌区、富锦灌区、七星灌区、大兴灌区、创业灌区、红卫灌区和胜利灌区，缺水率分别为 57.18%、68.78%、54.63%、77.18%、86.86%、87.08%、77.49%、53.69%、52.56%、75.09%、87.78%、66.47%、72.45%、85.85% 和 64.38%。各灌区供需平衡分析结果，详见表 8-47。

优化配置后，RCP8.5 情景下，近期规划水平年（2021—2035 年）挠力河流域七星河湿地保护区多年平均湿地生态缺水量为 8139.14 万 m³，其中，2028 年缺水量最多，为 12934.98 万 m³ [图 8-30（a）]；挠力河湿地保护区多年平均湿地生态缺水量为 9478.95 万 m³，其中，2028 年，缺水量最多，为 47013.72 万 m³ [图 8-30（b）]。

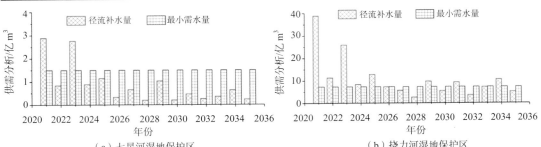

（a）七星河湿地保护区　　　　　　　　　　　（b）挠力河湿地保护区

图 8-30　RCP8.5 情景下 2021—2035 年保护区水资源优化配置结果

表 8-47　RCP8.5 情景下 2021—2035 年各灌区优化配置结果

序号	灌区	净需水量/万 m³	净供水量/万 m³			缺水量/万 m³	缺水率/%
			当地地表水	地下水	总和		
1	宝清灌区	14224.99	1090.21	11719.40	12809.61	1415.38	9.95
2	龙头桥灌区	12006.25	4489.90	651.15	5141.05	6865.20	57.18
3	五九七灌区	7505.43	0.00	2343.34	2343.34	5162.09	68.78
4	八五二灌区	6577.06	0.00	5250.93	5250.93	1326.13	20.16
5	小索伦灌区	348.50	158.52	162.78	321.30	27.20	7.80
6	大索伦灌区	850.00	482.71	288.29	771.00	79.00	9.29
7	蛤蟆通灌区	7412.85	2592.85	770.54	3363.38	4049.47	54.63
8	八五三灌区	24663.24	0.00	5628.68	5628.68	19034.56	77.18
9	雁窝西灌区	1330.25	1087.40	0.00	1087.40	242.85	18.26
10	雁窝东灌区	1351.50	1121.03	0.00	1121.03	230.47	17.05
11	清河灌区	1058.25	877.54	110.71	988.25	70.00	6.61
12	红岩灌区	3276.75	0.00	430.70	430.70	2846.06	86.86
13	红旗灌区	1096.50	445.94	612.56	1058.50	38.00	3.47
14	红旗岭灌区	8660.44	0.00	1118.70	1118.70	7541.74	87.08
15	友谊灌区	36216.04	0.00	8152.68	8152.68	28063.36	77.49
16	永久灌区	1721.25	206.51	590.61	797.12	924.13	53.69
17	双鸭山灌区	1166.88	114.67	1005.19	1119.86	47.02	4.03
18	集贤灌区	8254.97	107.88	3808.49	3916.37	4338.60	52.56
19	富锦灌区	54420.01	0.00	13557.34	13557.34	40862.67	75.09
20	七星灌区	37088.62	0.00	4532.90	4532.90	32555.72	87.78
21	大兴灌区	17497.23	0.00	5867.66	5867.66	11629.57	66.47
22	创业灌区	7010.71	0.00	1931.63	1931.63	5079.09	72.45
23	红卫灌区	14249.00	0.00	2015.60	2015.60	12233.40	85.85
24	胜利灌区	5111.06	0.00	1820.43	1820.43	3290.63	64.38
25	大佳河灌区	1360.00	202.70	1083.42	1286.12	73.88	5.43
26	小佳河灌区	412.25	162.79	224.74	387.53	24.72	6.00
27	饶河灌区	7355.01	288.22	6647.71	6935.93	419.08	5.70
	总和	282225.04	13428.87	80326.17	93755.03	188470.01	66.78

4. 方案四流域水资源优化配置结果分析

RCP8.5 情景下，远期规划水平年（2036—2050 年）挠力河流域河道外多年平均净需水量为 380552.42 万 m³，优化配置后，多年平均净供水量为 134143.69 万 m³，其中，地表水净供水量为 22121.65 万 m³，毛供水量为 37482.35 万 m³，地下水净供水量为 112022.04 万 m³，毛供水量为 124580.04 万 m³ 流域生活、工业不缺水，农业灌溉缺水量为 246408.74 万 m³；平均缺水率为 64.75%。其中，2049 年缺水量最多，为 336362.16 万 m³，缺水率为 86.62%，2041 年缺水量最少，为 183406.51 万 m³，缺水率为 48.56 %（图 8-31）。

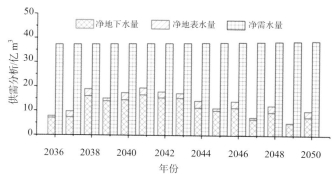

图 8-31 RCP8.5 情景下 2036—2050 年水资源优化配置结果

在各个灌区水资源优化配置中，多年平均缺水率较大（>50%）的灌区有龙头桥灌区、五九七灌区、蛤蟆通灌区、八五三灌区、红岩灌区、红旗岭灌区、友谊灌区、富锦灌区、七星灌区、大兴灌区、创业灌区、红卫灌区和胜利灌区，缺水率分别为 71.76%、87.93%、76.06%、74.84%、82.69%、84.65%、73.12%、74.10%、84.08%、53.89%、64.60%、81.54% 和 54.03%。各灌区供需平衡分析结果，详见表 8-48。

表 8-48 RCP8.5 情景下 2036—2050 年各灌区优化配置结果

序号	灌区	净需水量/万 m³	净供水量/万 m³			缺水量/万 m³	缺水率/%
			当地地表水	地下水	总和		
1	宝清灌区	26308.35	6261.57	18063.59	24325.16	1983.19	7.54
2	龙头桥灌区	18317.50	4209.48	1068.73	5278.21	13039.29	71.18
3	五九七灌区	30825.83	0.00	3720.85	3720.85	27104.98	87.93
4	八五二灌区	6637.53	0.00	6521.55	6521.55	115.98	1.75
5	小索伦灌区	348.50	287.36	43.82	331.18	17.32	4.97
6	大索伦灌区	850.00	667.63	148.14	815.77	34.23	4.03
7	蛤蟆通灌区	20155.00	3783.79	1041.08	4824.87	15330.13	76.06
8	八五三灌区	29748.44	0.00	7483.48	7483.48	22264.96	74.84
9	雁窝西灌区	1330.25	1282.05	0.00	1282.05	48.20	3.62
10	雁窝东灌区	1351.50	1308.21	0.00	1308.21	43.29	3.20
11	清河灌区	1058.25	953.37	83.88	1037.25	21.00	1.98
12	红岩灌区	3276.75	0.00	567.22	567.22	2709.53	82.69
13	红旗灌区	2346.00	707.73	1588.48	2296.21	49.79	2.12
14	红旗岭灌区	9588.58	0.00	1471.41	1471.41	8117.17	84.65

续表

序号	灌区	净需水量/万 m³	净供水量/万 m³			缺水量/万 m³	缺水率/%
			当地地表水	地下水	总和		
15	友谊灌区	48415.11	0.00	13011.70	13011.70	35403.42	73.12
16	永久灌区	1721.25	635.90	992.45	1628.35	92.90	5.40
17	双鸭山灌区	1192.96	404.78	730.42	1135.20	57.76	4.84
18	集贤灌区	9239.80	193.56	6271.67	6465.23	2774.57	30.03
19	富锦灌区	77735.24	0.00	20136.51	20136.51	57598.73	74.10
20	七星灌区	37101.72	0.00	5907.10	5907.10	31194.62	84.08
21	大兴灌区	17395.82	0.00	8021.90	8021.90	9373.92	53.89
22	创业灌区	7022.99	0.00	2486.48	2486.48	4536.51	64.60
23	红卫灌区	14264.20	0.00	2633.27	2633.27	11630.94	81.54
24	胜利灌区	5134.90	0.00	2360.58	2360.58	2774.32	54.03
25	大佳河灌区	1360.00	402.91	930.09	1333.00	27.00	1.99
26	小佳河灌区	412.25	145.13	258.12	403.25	9.00	2.18
27	饶河灌区	7413.70	878.15	6479.55	7357.70	56.00	0.76
	总和	380552.42	22121.65	112022.04	134143.69	246408.74	64.75

优化配置后，RCP8.5 情景下，远期规划水平年（2036—2050 年）挠力河流域七星河湿地保护区多年平均湿地生态缺水量为 3432.75 万 m³，其中，2049 年缺水量最多，为 10123.51 万 m³[图 8-32（a）]；挠力河湿地保护区多年平均湿地生态缺水量为 3068.26 万 m³，其中，2049 年，缺水量最多，为 46023.85 万 m³[图 8-32（b）]。

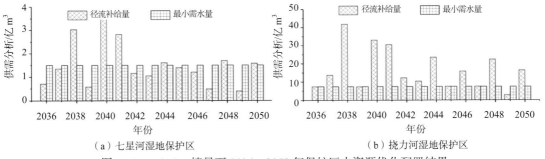

（a）七星河湿地保护区　　　　　　　（b）挠力河湿地保护区

图 8-32　RCP8.5 情景下 2036—2050 年保护区水资源优化配置结果

（二）情景二水资源优化配置结果分析

1. 方案一流域水资源优化配置结果分析

RCP4.5 情景下，近期规划水平年（2021—2035 年）挠力河流域河道外多年平均净需水量为 282225.04 万 m³，优化配置后，多年平均净供水量为 119673.16 万 m³，其中，地表水净供水量为 22306.00 万 m³，毛供水量为 33796.97 万 m³，地下水净供水量为 97367.16 万 m³，毛供水量为 108185.73 万 m³；流域生活、工业不缺水，农业灌溉缺水量为 162551.88 万 m³；平均缺水率为 57.60%，其中，2027 年缺水量最多，为 231644.86 万 m³，缺水率为 82.38%，2033 年缺水量最少，为 116303.97 万 m³，缺水率为 40.73%（图 8-33）。

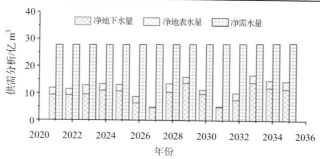

图 8-33　RCP4.5 情景下 2021—2035 年水资源优化配置结果

在各个灌区水资源优化配置中,多年平均缺水率较大(>50%)的灌区有五九七灌区、八五三灌区、红岩灌区、红旗岭灌区、友谊灌区、富锦灌区、七星灌区、大兴灌区、创业灌区、红卫灌区和胜利灌区,缺水率分别为 57.31%、71.18%、83.58%、83.52%、66.88%、66.58%、84.68%、56.30%、65.93%、82.32% 和 55.48%。各灌区供需平衡分析结果,详见表 8-49。

优化配置后,RCP4.5 情景下,近期规划水平年(2021—2035 年)挠力河流域湿地七星河保护区多年平均湿地生态缺水量为 3867.69 万 m^3,其中,2027 年缺水量最多,为 13862.05 万 m^3 [图 8-34(a)];挠力河湿地保护区多年平均湿地生态缺水量为 4916.94 万 m^3,其中,2027 年,缺水量最多,为 44082.96 万 m^3 [图 8-34(b)]。

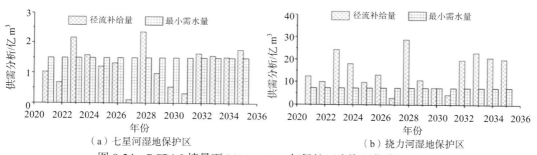

（a）七星河湿地保护区　　　　　　　　　　（b）挠力河湿地保护区

图 8-34　RCP4.5 情景下 2021—2035 年保护区水资源优化配置结果

表 8-49　RCP4.5 情景下 2021—2035 年各灌区优化配置结果

序号	灌区	净需水量/万 m^3	净供水量/万 m^3			缺水量/万 m^3	缺水率/%
			当地地表水	地下水	总和		
1	宝清灌区	14224.99	1750.98	11127.63	12878.61	1346.38	9.46
2	龙头桥灌区	12006.25	8119.43	974.94	9094.37	2911.88	24.25
3	五九七灌区	7505.43	0.00	3204.05	3204.05	4301.39	57.31
4	八五二灌区	6577.06	0.00	6371.12	6371.12	205.94	3.13
5	小索伦灌区	348.50	307.69	31.07	338.76	9.74	2.79
6	大索伦灌区	850.00	608.67	203.50	812.17	37.83	4.45
7	蛤蟆通灌区	7412.85	4268.32	933.73	5202.05	2210.80	29.82
8	八五三灌区	24663.24	0.00	7109.02	7109.02	17554.22	71.18
9	雁窝西灌区	1330.25	1317.57	0.00	1317.57	12.68	0.95

续表

序号	灌区	净需水量/万 m³	净供水量/万 m³			缺水量/万 m³	缺水率/%
			当地地表水	地下水	总和		
10	雁窝东灌区	1351.50	1326.31	0.00	1326.31	25.19	1.86
11	清河灌区	1058.25	1037.84	12.89	1050.74	7.52	0.71
12	红岩灌区	3276.75	0.00	538.06	538.06	2738.69	83.58
13	红旗灌区	1096.50	977.28	106.03	1083.31	13.19	1.20
14	红旗岭灌区	8660.44	0.00	1427.51	1427.51	7232.93	83.52
15	友谊灌区	36216.04	0.00	11993.00	11993.00	24223.05	66.88
16	永久灌区	1721.25	841.79	819.46	1661.25	60.00	3.49
17	双鸭山灌区	1166.88	101.15	1034.00	1135.15	31.73	2.72
18	集贤灌区	8254.97	179.03	5458.38	5637.41	2617.56	31.71
19	富锦灌区	54420.01	0.00	18184.82	18184.82	36235.20	66.58
20	七星灌区	37088.62	0.00	5682.13	5682.13	31406.49	84.68
21	大兴灌区	17497.23	0.00	7645.72	7645.72	9851.51	56.30
22	创业灌区	7010.71	0.00	2388.55	2388.55	4622.16	65.93
23	红卫灌区	14249.00	0.00	2519.74	2519.74	11729.26	82.32
24	胜利灌区	5111.06	0.00	2275.67	2275.67	2835.39	55.48
25	大佳河灌区	1360.00	393.89	939.33	1333.22	26.78	1.97
26	小佳河灌区	412.25	182.90	224.65	407.55	4.70	1.14
27	饶河灌区	7355.01	893.15	6162.18	7055.33	299.68	4.07
	总和	282225.04	22306.00	97367.16	119673.16	162551.88	57.60

2. 方案二流域水资源优化配置结果分析

RCP4.5 情景下，远期规划水平年（2036—2050 年）挠力河流域河道外年平均净需水量为 380552.42 万 m³，优化配置后，多年平均净供水量为 329409.40 万 m³，其中，地表水净供水量为 24327.78 万 m³，毛供水量为 34187.54 万 m³，地下水净供水量为 108924.15 万 m³，毛供水量为 121026.83 万 m³，外调水净供水量为 196157.47 万 m³，毛供水量为 297208.29 万 m³；流域生活、工业不缺水，农业灌溉缺水量为 50945.03 万 m³；多年平均缺水率为 13.44%。其中，2046 年缺水量最多，为 58755.16 万 m³，缺水率为 15.32%，2043 年缺水量最少，为 48466.40 万 m³，缺水率为 12.76%（图 8-35）。

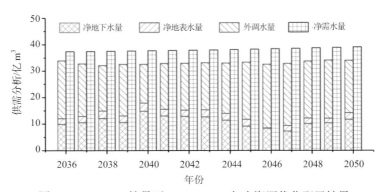

图 8-35　RCP4.5 情景下 2036—2050 年水资源优化配置结果

在各个灌区水资源优化配置中，多年平均缺水率较大（>50%）的灌区主要集中于仅依靠地下水灌溉且"引松补挠"工程不涉及的区域，包括七星灌区、创业灌区、红卫灌区和胜利灌区，缺水率分别为84.85%、66.41%、82.57%和56.66%。各灌区供需平衡分析结果，详见表8-50。

表8-50 RCP4.5 情景下 2036—2050 年各灌区优化配置结果

序号	灌区	净需水量/万 m³	净供水量/万 m³				缺水量/万 m³	缺水率/%
			当地地表水	地下水	外调水	总和		
1	宝清灌区	26308.35	6606.66	17568.39	2133.31	26308.35	0.00	0.00
2	龙头桥灌区	18317.50	4910.25	1107.84	12299.41	18317.50	0.00	0.00
3	五九七灌区	30825.83	0.00	3625.28	27200.55	30825.83	0.00	0.00
4	八五二灌区	6637.53	0.00	6547.53	90.00	6637.53	0.00	0.00
5	小索伦灌区	348.50	328.12	13.78	6.60	348.50	0.00	0.00
6	大索伦灌区	850.00	767.15	69.65	13.20	850.00	0.00	0.00
7	蛤蟆通灌区	20155.00	4600.41	1006.74	14547.85	20155.00	0.00	0.00
8	八五三灌区	29748.44	0.00	7267.18	22481.26	29748.44	0.00	0.00
9	雁窝西灌区	1330.25	1319.77	0.00	10.48	1330.25	0.00	0.00
10	雁窝东灌区	1351.50	1341.95	0.00	9.55	1351.50	0.00	0.00
11	清河灌区	1058.25	1028.50	9.95	19.80	1058.25	0.00	0.00
12	红岩灌区	3276.75	0.00	545.58	2731.17	3276.75	0.00	0.00
13	红旗灌区	2346.00	666.51	1590.69	88.80	2346.00	0.00	0.00
14	红旗岭灌区	9588.58	0.00	1399.16	8189.42	9588.58	0.00	0.00
15	友谊灌区	48415.11	0.00	12961.05	35454.06	48415.11	0.00	0.00
16	永久灌区	1721.25	696.03	959.22	66.00	1721.25	0.00	0.00
17	双鸭山灌区	1192.96	439.67	722.68	0.00	1162.35	30.61	2.57
18	集贤灌区	9239.80	193.73	6156.15	2889.92	9239.80	0.00	0.00
19	富锦灌区	77735.24	0.00	19503.30	58231.94	77735.24	0.00	0.00
20	七星灌区	37101.72	0.00	5619.64	0.00	5619.64	31482.08	84.85
21	大兴灌区	17395.82	0.00	7701.67	9694.15	17395.82	0.00	0.00
22	创业灌区	7022.99	0.00	2358.79	0.00	2358.79	4664.20	66.41
23	红卫灌区	14264.20	0.00	2486.05	0.00	2486.05	11778.15	82.57
24	胜利灌区	5134.90	0.00	2225.50	0.00	2225.50	2909.40	56.66
25	大佳河灌区	1360.00	369.65	983.75	0.00	1353.40	6.60	0.49
26	小佳河灌区	412.25	164.41	239.86	0.00	404.27	7.98	1.94
27	饶河灌区	7413.70	894.98	6254.72	0.00	7149.70	264.00	3.56
	总和	380552.42	24327.78	108924.15	196157.47	329409.40	51143.03	13.44

优化配置后，RCP4.5 情景下，远期规划水平年（2036—2050 年）"引松补挠"工程为七星河湿地保护区多年平均湿地生态补水量为2817.67 万 m³，其中，2046 年补水量最多，为13453.07 万 m³ [图8-36（a）]；挠力河湿地保护区多年平均湿地生态补水量为3839.95 万 m³，其中，2046 年，补水量最多，为48465.86 万 m³ [图8-36（b）]。

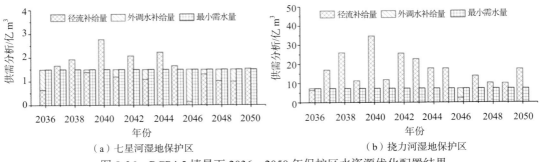

（a）七星河湿地保护区　　　　　　　　　（b）挠力河湿地保护区

图 8-36　RCP4.5 情景下 2036—2050 年保护区水资源优化配置结果

3．方案三流域水资源优化配置结果分析

RCP8.5 情景下，近期规划水平年（2021—2035 年）挠力河流域河道外多年平均净需水量为 282225.04 万 m³，优化配置后，多年平均净供水量为 96718.62 万 m³，其中，地表水净供水量为 16334.59 万 m³，毛供水量为 24749.37 万 m³，地下水净供水量为 80384.04 万 m³，毛供水量为 89315.59 万 m³；流域生活、工业不缺水，农业灌溉缺水量为 185506.42 万 m³；多年平均缺水率为 65.73%。其中，2028 年缺水量最多，为 248975.32 万 m³，缺水率为 88.35 %，2040 年缺水量最少，为 71371.78 万 m³，缺水率为 25.64 %（图 8-37）。

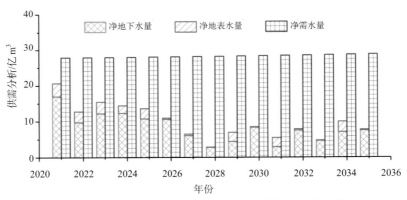

图 8-37　RCP8.5 情景下 2021—2035 年水资源优化配置结果

在各个灌区水资源优化配置中，多年平均缺水率较大（>50%）的灌区有五九七灌区、八五三灌区、红岩灌区、红旗岭灌区、友谊灌区、集贤灌区、永久灌区、富锦灌区、七星灌区、大兴灌区、创业灌区、红卫灌区和胜利灌区，缺水率分别为 68.78%、77.18%、86.86%、87.08%、77.49%、52.97%、52.43%、75.09%、87.78%、66.47%、72.45%、85.85%和 64.38%。各灌区供需平衡分析结果，详见表 8-51。

优化配置后，RCP8.5 情景下，近期规划水平年（2021—2035 年）挠力河流域七星河湿地保护区多年平均湿地生态缺水量为 8139.14 万 m³，其中，2027 年缺水量最多，为 12934.98 万 m³ [图 8-38（a）]；挠力河湿地保护区多年平均湿地生态缺水量为 9203.53 万 m³，其中，2028 年，缺水量最多，为 46262.47 万 m³ [图 8-38（b）]。

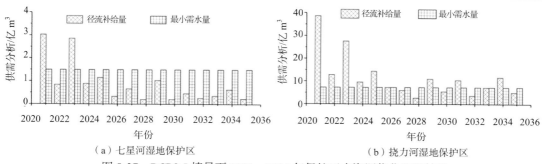

图 8-37 RCP8.5 情景下 2021—2035 年保护区水资源优化配置结果

表 8-51 RCP8.5 情景下 2021—2035 年各灌区优化配置结果

序号	灌区	净需水量/万 m³	净供水量/万 m³			缺水量/万 m³	缺水率/%
			当地地表水	地下水	总和		
1	宝清灌区	14224.99	1342.35	11739.39	13081.75	1143.24	8.04
2	龙头桥灌区	12006.25	5546.34	649.08	6195.42	5810.83	48.40
3	五九七灌区	7505.43	0.00	2343.34	2343.34	5162.09	68.78
4	八五二灌区	6577.06	0.00	5250.93	5250.93	1326.13	20.16
5	小索伦灌区	348.50	271.87	69.74	341.61	6.89	1.98
6	大索伦灌区	850.00	563.05	227.50	790.55	59.45	6.99
7	蛤蟆通灌区	7412.85	3371.53	788.09	4159.62	3253.23	43.89
8	八五三灌区	24663.24	0.00	5628.68	5628.68	19034.56	77.18
9	雁窝西灌区	1330.25	1279.51	0.00	1279.51	50.74	3.81
10	雁窝东灌区	1351.50	1331.39	0.00	1331.39	20.11	1.49
11	清河灌区	1058.25	907.14	106.65	1013.79	44.46	4.20
12	红岩灌区	3276.75	0.00	430.70	430.70	2846.06	86.86
13	红旗灌区	1096.50	503.37	563.38	1066.75	29.75	2.71
14	红旗岭灌区	8660.44	0.00	1118.70	1118.70	7541.74	87.08
15	友谊灌区	36216.04	0.00	8152.68	8152.68	28063.36	77.49
16	永久灌区	1721.25	221.27	588.20	809.46	911.79	52.97
17	双鸭山灌区	1166.88	75.01	1063.22	1138.22	28.66	2.46
18	集贤灌区	8254.97	132.90	3794.11	3927.01	4327.96	52.43
19	富锦灌区	54420.01	0.00	13557.34	13557.34	40862.67	75.09
20	七星灌区	37088.62	0.00	4532.90	4532.90	32555.72	87.78
21	大兴灌区	17497.23	0.00	5867.66	5867.66	11629.57	66.47
22	创业灌区	7010.71	0.00	1931.63	1931.63	5079.09	72.45
23	红卫灌区	14249.00	0.00	2015.60	2015.60	12233.40	85.85
24	胜利灌区	5111.06	0.00	1820.43	1820.43	3290.63	64.38
25	大佳河灌区	1360.00	213.33	1086.64	1299.97	60.03	4.41
26	小佳河灌区	412.25	164.22	233.66	397.88	14.37	3.49
27	饶河灌区	7355.01	411.30	6823.81	7235.11	119.90	1.63
	总和	282225.04	16334.59	80384.04	96718.62	185506.42	65.73

4. 方案四流域水资源优化配置结果分析

RCP8.5 情景下，远期规划水平年（2036—2050 年）挠力河流域河道外多年平均净需水量为 380552.42 万 m³，优化配置后，多年平均净供水量为 330223.11 万 m³，其中，本地地表水净供水量为 25551.46 万 m³，毛供水量为 36241.60 万 m³，地下水净供水量为 111123.34 万 m³，毛供水量为 123470.38 万 m³，外调水净供水量为 193548.31 万 m³，毛供水量为 293255.02 万 m³；流域生活、工业不缺水，农业灌溉缺水量为 50329.31 万 m³；多年平均缺水率为 13.23%。其中，2049 年缺水量最多，为 62744.04 万 m³，缺水率为 16.16%，2046 年缺水量最少，为 37471.41 万 m³，缺水率为 9.77%（图 8-39）。

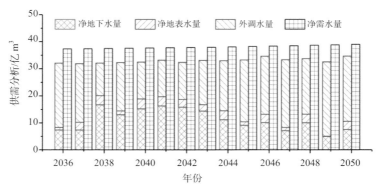

图 8-39   RCP8.5 情景下 2036—2050 年水资源优化配置结果

在各个灌区水资源优化配置中，多年平均缺水率较大（>50%）的灌区仍是主要集中于仅依靠地下水灌溉且引松补挠工程不涉及的区域，包括七星灌区、创业灌区、红卫灌区和胜利灌区，缺水率分别为 84.08%、64.60%、81.54% 和 54.03%。各灌区供需平衡分析结果，详见表 8-52。

表 8-52   RCP8.5 情景下 2036—2050 年各灌区优化配置结果

序号	灌区	净需水量/万 m³	净供水量/万 m³				缺水量/万 m³	缺水率/%
			当地地表水	地下水	外调水	总和		
1	宝清灌区	26308.35	6638.99	18063.59	1605.77	26308.35	0.00	0.00
2	龙头桥灌区	18317.50	5348.72	1068.73	11900.04	18317.50	0.00	0.00
3	五九七灌区	30825.83	0.00	3720.85	27104.98	30825.83	0.00	0.00
4	八五二灌区	6637.53	0.00	6521.43	116.10	6637.53	0.00	0.00
5	小索伦灌区	348.50	309.67	34.22	4.61	348.50	0.00	0.00
6	大索伦灌区	850.00	700.27	120.09	29.64	850.00	0.00	0.00
7	蛤蟆通灌区	20155.00	4772.63	1041.08	14341.29	20155.00	0.00	0.00
8	八五三灌区	29748.44	0.00	7483.48	22264.96	29748.44	0.00	0.00
9	雁窝西灌区	1330.25	1310.93	0.00	19.32	1330.25	0.00	0.00
10	雁窝东灌区	1351.50	1319.56	0.00	31.94	1351.50	0.00	0.00
11	清河灌区	1058.25	922.86	93.39	42.00	1058.25	0.00	0.00
12	红岩灌区	3276.75	0.00	567.22	2709.53	3276.75	0.00	0.00

续表

序号	灌区	净需水量/万 m³	净供水量/万 m³				缺水量/万 m³	缺水率/%
			当地地表水	地下水	外调水	总和		
13	红旗灌区	2346.00	1114.25	1165.75	66.00	2346.00	0.00	0.00
14	红旗岭灌区	9588.58	0.00	1471.41	8117.17	9588.58	0.00	0.00
15	友谊灌区	48415.11	0.00	13011.70	35403.42	48415.12	0.00	0.00
16	永久灌区	1721.25	662.80	992.45	66.00	1721.25	0.00	0.00
17	双鸭山灌区	1192.96	487.00	665.13	0.00	1152.13	40.83	3.42
18	集贤灌区	9239.80	215.25	6271.67	2752.89	9239.80	0.00	0.00
19	富锦灌区	77735.24	0.00	20136.51	57598.73	77735.24	0.00	0.00
20	七星灌区	37101.72	0.00	5907.10	0.00	5907.10	31194.62	84.08
21	大兴灌区	17395.82	0.00	8021.90	9373.92	17395.82	0.00	0.00
22	创业灌区	7022.99	0.00	2486.48	0.00	2486.48	4536.51	64.60
23	红卫灌区	14264.20	0.00	2633.27	0.00	2633.27	11630.94	81.54
24	胜利灌区	5134.90	0.00	2360.58	0.00	2360.58	2774.32	54.03
25	大佳河灌区	1360.00	496.56	850.24	0.00	1346.80	13.20	0.97
26	小佳河灌区	412.25	174.38	230.97	0.00	405.35	6.90	1.67
27	饶河灌区	7413.70	1077.58	6204.12	0.00	7281.70	132.00	1.78
	总和	380552.42	25551.46	111123.34	193548.31	330223.11	50329.31	13.23

优化配置后，RCP8.5 情景下，远期规划水平年（2036—2050 年）"引松补挠"工程为七星河湿地保护区多年平均湿地生态补水量为 3432.75 万 m³，其中，2049 年补水量最多，为 11050.25 万 m³ [图 8-40(a)]；挠力河湿地保护区多年平均湿地补水量为 3040.71 万 m³，其中，2049 年，补水量最多，为 45610.67 万 m³ [图 8-40（b）]。

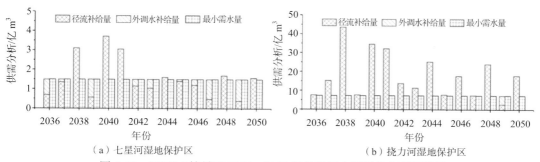

（a）七星河湿地保护区   （b）挠力河湿地保护区

图 8-40　RCP8.5 情景下 2036—2050 年保护区水资源优化配置结果

参考文献

AJAMI H，MCCABE M F，EVANS J P，et al. Assessing the impact of model spin‐up on surface water‐groundwater interactions using an integrated hydrologic model [J]. Water Resources Research，2014，50(3)：2636-2656.

BAILEY R T，WIBLE T C，ARABI M，et al. Assessing regional‐scale spatio‐temporal patterns of groundwater–surface water interactions using a coupled SWAT‐MODFLOW model [J]. Hydrological Processes，2016，30(23): 4420-4433.

BASTOLA S，MURPHY C，SWEENEY J. The role of hydrological modelling uncertainties in climate change impact assessments of Irish river catchments [J]. Advances in Water Resources，2011，34(5): 562-576.

LIN Y F，ANDERSON M P. A Digital Procedure for Ground Water Recharge and Discharge Pattern Recognition and Rate Estimation [J]. Groundwater，2003，41(3): 306-315.

MEINSHAUSEN M，SMITH S J，CALVIN K，et al. The RCP greenhouse gas concentrations and their extensions from 1765 to 2300 [J]. Climatic Change，2011，109(1-2): 213.

MENG X-Y，WANG H，CAI S-Y，et al. The China Meteorological Assimilation Driving Datasets for the SWAT Model (CMADS) Application in China: A Case Study in Heihe River Basin [J]. 2017:

MORIASI D N，GITAU M W，PAI N，et al. Hydrologic and water quality models: Performance measures and evaluation criteria [J]. Trans. ASABE，2015，58(6): 1763-1785.

付强，郎景波，李铁男，等. 三江平原水资源开发环境效应及调控机理研究 [M]. 北京：中国水利水电出版社，2016.

郭龙珠. 三江平原地下水动态变化规律与仿真问题研究 [D]. 哈尔滨：东北农业大学，2005.

李峰平. 变化环境下松花江流域水文与水资源响应研究 [D]. 长春：中国科学院研究生院（东北地理与农业生态研究所），2015.

卢文喜，李平，王福林，等 挠力河流域三维地下水流数值模拟 [J]. 吉林大学学报(地球科学版)，2007 (03): 541-545.

王浩，游进军. 中国水资源配置 30 年 [J]. 水利学报，2016(03): 265-271.

吴昌友. 三江平原地下水数值模拟及仿真问题研究 [M]. 北京：中国农业出版社，2011.

向亮，刘学锋，郝立生，等. 未来百年不同排放情景下滦河流域径流特征分析 [J]. 地理科学进展，2011 (07): 861-867.

第九章　变化环境下水资源适应性管理

受全球气候变化和人类活动的双重影响，未来三江平原水资源供给和需求面临更大的不确定性，将给水资源的可持续利用和管理带来新的挑战。为此，本章基于三江平原水资源演变规律、干旱演变特征及洪水效应和地下水-地表水联合调控与优化配置等系列研究成果，结合当前国际先进的水资源适应性管理理念和基于自然的水资源解决方案，并依据我国中央1号文件《关于加快水利改革发展的决定》《国务院关于实行最严格水资源管理制度的意见》《全国主体功能区规划》《关于加快推进水生态文明建设工作的意见》《关于加大改革创新力度加快农业现代化建设的若干意见》和《国务院关于近期支持东北振兴若干重大政策举措的意见》等指示精神和要求，从区域（三江平原）、流域（黑龙江）和国家三个层面上，综合提出三江平原水资源适应性管理策略，为三江平原现代农业发展与生态文明建设提供水资源安全保障。

第一节　水资源适应性管理的内涵与框架

一、水资源适应性管理的内涵

适应性管理产生于20世纪70年代，由生态学家Holling等提出的管理模式，认为其是通过适应性管理，促进其学习和自身提高而增强对不确定性的有效适应方法，应用于生态系统理论与实践（Holling，1978）。随着全球气候变化和复杂的不确定性环境，水资源管理应具有更强的适应性、灵活性和可持续性（王慧敏，2016）。Geldof认为适应性的水资源管理是水资源一体化管理的整体过程，是一个通过不断的适应变化来调整平衡策略的复杂适应系统（Geldof，1995）；全球水系统项目（GWSP）主席Pahl-Wostl认为水资源管理面临着气候变化、全球变化及社会经济变化带来的巨大不确定性，水资源适应性管理的主要目的是为了增加水资源系统的适应能力（Pahl-Wostl et al.，2005）。

国内一些学者开展了水资源适应性管理概念、内涵及研究，曹建廷认为适应性管理的概念和方法在不断演变，核心是强调不确定性、突变和弹性，比较普遍接受的定义："适应性管理是通过从实施的管理措施的结果中学习，持续提高管理政策和实践的系统过程"，水资源适应性管理作为一种方法，能够使管理者在面对不确定性时采取科学的行动，减少不确定性（曹建廷，2015）。佟金萍和王慧敏认为适应性管理即指通过提高管理实践的能力，总结新经验和新指示，协调、优化发展战略，以适应社会经济状况和环境的快速变化，最终实现社会经济系统可持续发展；流域水资源适应性管理就是在保证流域水资源系统健康及水资源可持续利用前提下，围绕流域水资源管理中的不确定性现象展开的一系列保护与管理工作，包括设计、规划、评价、监测等，确保流域水资源系统与社会、经济系统的协调发展（佟金萍 等，2006）。王慧敏认为水资源适应性管理就是围绕水资源管理的不确定性展开的一系列设计、规划、监测、管理资源等行动，确保水资源系统整体性和协调性的动态调整过程，促进水资源持续健康发展（王慧敏，2016）。以变暖为主要特征的全球气候变化加剧了水文循环过程，驱动了降水量、蒸发量、径流量等水文要素的变化，增加了洪水、干旱等水文极值事件发生的频率和强度，从而加剧了水资源供给和需求的不确定性，给水资源管理带来困难和挑战（李峰平 等，2013）。然而，水资源适应性管理是解决气候变化背景下水资源管理的重要手段。刘昌明指出应针对气候变化背景下水循环变化规律制定相应的适应性对策，保证流域水资源的可再生性（刘昌明，2004）。气候变化水资源适应性管理是指有效利用气候变化预估结果，协调和优化发展战略，使其得到有效实施和提升的过程（王慧敏 等，2011）。变化环境下水资源适应性管理就是在分析流域水资源不确定因素的基础上，针对目前和未来变化环境对水资源的可能影响提出有效可行的、能够趋利避害的调整和适应性的管理方案（刘尚 等，2013）。气候变化的影响打破了水文稳态假定，导致现行水资源规划、设计洪水、重大调水工程规划设计和管理存在新的风险，迫切需要采取必要的适应性对策与措施，水资源适应性管理是从面向不断变化环境的水管理需求出发特别是不确定的影响，通过不断调整一个时期的规划和战略来适应管理需要（夏军 等，2015）。在气候变化的条件下，水资源适应性管理的目的就是通过适应性调整，评估气候变化对水资源产生的不确定影响，降低气候变化影响的风险，筛选出有效的适应性策略来提高人类的适应能力（张秀琴 等，2015）。

综上所述，笔者认为在气候变化和人类活动的双重影响下，水资源系统及与之相关联的生态系统和社会经济系统发生变化，水资源适应性管理是应对变化环境下水资源系统的供给侧和需求侧的变化及不确定性，通过不断调整和修订管理方案、政策制度和战略规划来适应管理需求，力求实现流域（区域）水资源系统与生态系统和社会经济系统协调可持续发展。

二、水资源适应性管理框架

变化环境下水资源是一个复杂多变的系统，并与自然系统和社会系统交互作用、互相影响和协同演进。水资源适应性管理就是一个通过不断地适应水资源系统变化来调整社会系统平衡策略的过程，因此，需要对水资源管理方案执行的结果进行反馈，同时再依据实时变化的社会自然系统形成的新的情景规划和新的管理方案，促进"人-水-自然"系统和谐发展，也是我国最严格水资源管理制度落实的重要保障。

基于水资源适应性管理内涵理解及其研究应用进展，并结合我国专家学者提出的气候变化下水资源适应性管理运行过程和变化环境下水资源适应性利用原理（刘尚，2013；张秀琴 等，2015；左其亭，2017），构建了变化环境下水资源适应性管理框架（图9-1）。

从适应性管理的思想视角，考虑气候变化与人类活动对水资源可利用量和供水能力的影响，以及社会系统对水资源需求的变化，以生态、农业与社会经济协调可持续发展为水资源管理目标，通过监测反馈自然系统中气候要素、降水量等，以及社会系统中的人口数量和结构、行业结构、政治体制、经济目标及发展规律等的监管，及时获取有效信息；通过沟通合作、多利益主体（包括政府、农场、企业和个人等）参与，建立多主体合作机制，给予政府间及与其他用水者一个交流与协助、相互学习、相互监督的平台，实现在开发利用水资源的过程中水资源共享与满足各个用水主体的需求（张秀琴 等，2015），保证变化环境下水资源系统与生态系统和社会经济系统协调可持续发展。

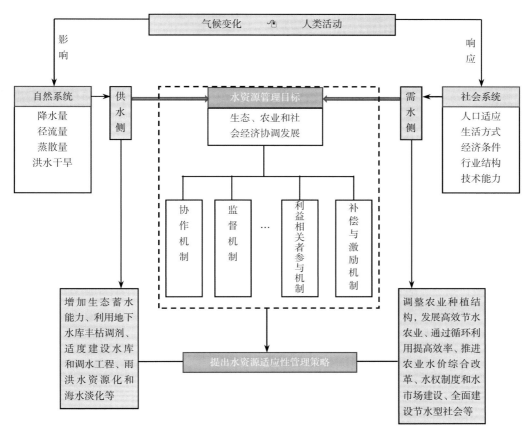

图 9-1　变化环境下水资源适应性管理框架

第二节　水资源适应性管理策略

随着未来气候变化对水资源影响的不确定性增加，灌溉农业、经济社会发展和湿地保护修复对水资源需求量的日益提高，维持三江平原可持续发展的水资源合理配置和适应性管理任务不断加剧。因此，结合笔者研究团队对三江平原水资源演变规律及趋势、干旱演变特征与洪水效应、基于地下水双控的水资源开采方案以及未来气候变化情景下水资源变化及优化配置等研究成果，针对三江平原水资源现状、问题以及变化环境下水资源系统供给和需求存在的不确定性，以加强水资源系统监测、基于自然的水资源解决方案、水土资源优化配置和节水型社会建设为基础，提出以下几点水资源适应性管理策略。

一、 建立水文气象动态监测和预警机制，掌握自然和社会系统中的不确定性

气候变化背景下，三江平原水文过程和大气过程的变化会导致水资源供给发生变化、不确定性增加；同时，伴随粮食增产工程建设、经济社会的发展和人口的增加，水土资源开发利用方式不断变化，进而导致区域水资源供需发生改变。因此，一方面，应根据三江平原水文气象特点，完善地下、地面和卫星遥感监测系统，加强对三江平原地表径流、地下水位及与其密切相关的大气降水、气温、太阳辐射、湿度等水文气候要素的监测，提高对水资源供给、干旱洪水灾害的动态监测能力，同时加强对湿地生态需水进行监测和估算；另一方面，应加强对社会系统中人口数量、产业结构、政治体制、经济目标及其发展规律的监测与评价，分析需水结构的动态变化。进而通过科学而有效的手段如模型对水资源供给和需求量进行精细化计算和预测，为水资源适应性管理提供可靠的依据。

二、基于自然解决方案的水资源供给能力提升，应对洪水干旱灾害的风险

2018 年 3 月 20 日，联合国发布《2018 年世界水资源发展报告》(The United Nations World Water Development Report 2018，WWDR)，这份报告强调通过基于自然的解决方案（NBS）应对水资源挑战，改善水的供给及水质，减少"水少"和"水多"等带来的自然灾害。基于自然的解决方案，通过使用或模仿自然过程，着眼于管理水的可获得性、水质和涉水风险，致力于改善水资源的管理。生态系统草原、湿地和森林植被覆盖的存在影响着陆地水循环和水量平衡，同时也是改善现有水数量和质量的关键。目前，全球 30% 的土地覆有植被，但其中至少三分之二处于退化状态。自 1900 年起，全球大约有 64% ~ 71% 的自然湿地面积因人类活动因素消失殆尽。生态系统退化导致蒸发速度变快、土地蓄水量变低、地面径流增多、土地侵蚀加剧，都将对水循环造成严重的负面影响，给水资源管理带来严峻挑战。

基于 NBS 的水风险管理可以通过管理水的渗透和流动性，从而改善水的滞留时间，减少洪水的损失及洪水风险。湿地是重要的淡水资源库与流域水量平衡的调节器，具有涵养水源、调节径流、净化水质等重要水文功能，也被喻为天然"海绵"，丰水期储存水，将洪水转化为资源水，干旱期释放水，在时空上调节降水的不均性，对径流季节性变化也有较大的缓冲作用，弱化或避免水旱灾害，对维护区域水安全具有重要意义（章光新 等，2014）。据专家学者推算，三江平原沼泽湿地土壤蓄水和地表积水的总储水量可达 64.12 亿 m³，洪泛平原湿地蓄水可以降低下游洪水风险，以其挠力河流域为例，通过湿地格局变化与水文过程线分析，发现流域湿地率达 10% ~ 15%，可削减洪峰流量 50% ~ 60%（刘红玉 等，2005；刘兴土，2007）。三江平原是我国重要的粮食主产区和湿地集中分布区，随着灌溉农业的快速发展和未来气候变化背景下洪涝灾害的频率和强度增加，人水争地矛盾将愈来愈突出，区域防洪压力和湿地退化问题日益突出，如何协调洪水资源利用与湿地生态恢复保护的关系，一方面利用洪水资源恢复退化湿地，解决湿地水源，维持湿地合理的水文情势；另一方面发挥湿地的水文调蓄功能，增加水资源可利用量，同时减缓洪水灾害，积极应对气候变化，实现流域"人-水-湿地"和谐。因此，建议划定并严守水稻种植

空间和湿地生态空间保护红线,优化水田和湿地空间结构,维持区域水量平衡和水质安全。基于水土资源及生态环境承载能力综合分析,确定三江平原水稻种植面积、空间格局及其阈值;依据湿地生态保护目标及生态服务功能,恢复和保护湿地生态系统,严守划定的湿地生态空间保护红线,充分利用湿地水文调蓄和水质净化功能,优化区域水田和湿地空间结构,确定水田-湿地合理面积比,提升水资源供给和水质改善的能力。

以地下含水层为调蓄空间的地下水库利用和保护是实现水资源可持续利用的重要途径。经研究测算,2013年黑龙江流域特大洪水对三江平原区地下水补给显著,地下水位上升幅度为 $1 \sim 3m$,对地下水的补给量为 41.4 亿 m^3 (Liu et al., 2016)。因此,可充分利用年际间地下水库调蓄功能,增加地下水资源量,积极应对干旱洪涝灾害。从长时间序列考虑地下水库调节特点,根据以丰补歉的原则合理利用地下水,允许在枯水年份地下水开采量适量超过多年平均年可开采量。同时,定量评估不同强度下雨洪资源对三江平原地下水的补给量,为地下水库丰枯调剂功能发挥、应对干旱地下水开采提供科学依据和决策支持。

三、基于地下水水量–水位双控的多水源综合利用

地下水水量-水位双控管理(简称地下水双控管理)将地下水开采总量控制与地下水位控制有机结合在一起,以地下水保护为出发点,以资源可持续利用为目标,通过静态水位预警管理和动态开采量控制,可以促进地下水开采由无序转变为有序,降低地下水管理的盲目性,增强地下水管理的计划性、灵活性和可控性,是维系地下水可持续利用、保护生态环境的重要保障,也是实施最严格水资源管理制度的客观要求(曲炜,2018)。

三江平原地下水是主要供水水源,应以地下水开采总量和地下水位为控制目标,调整优化地下水开采布局和开采量,科学采用"上下内外联调、河湖湿地互济"的水资源综合利用模式,即区内河流上下游水资源、地下水-地表水、区内-过境水资源的多水源联合调度,河流-水库-湿地水系互通互济。区域上采用井渠结合、排灌结合、排蓄结合等途径,可增加地表水的利用量,减少对地下水的开采,也可优化水资源时空分配(王韶华 等,2005;赵伟东 等,2010),如在沿江、沿湖地区逐步置换现有井灌面积,实行地表水灌溉,在区域腹地实行总量控制的地下水灌溉,建议加快青龙山等引用地表水灌区建设工程,遏制地下水位持续下降的趋势。从流域的角度出发,考虑上下游的湿地用水需求和多水源综合利用,可利用洪水和农田退水对湿地进行补水,以缓解湿地缺水的局面。

四、国际河流水资源合理开发利用与保护

三江平原周边的两条国际河流黑龙江和乌苏里江水资源量非常丰富,黑龙江流域河口平均水量为 3569 亿 m^3 ,与我国水量丰富的珠江相当,而国际河流水资源利用率却很低。从世界粮食安全保障和黑龙江流域水资源综合管理角度审视三江平原水资源存在的问题,合理开发利用国际河流水资源,置换地下水开采,是解决三江平原地下水超采和湿地生态退化的根本途径,对于缓解三江平原水资源压力,保障区域粮食生产和生态环境健康发展意义重大。

因此，亟须分析国际河流系统生态、经济和社会功能及其用水目标，评估中国境内产水量及可利用水量和跨界含水层地下水资源开发利用潜力，依据国际水法基本原则之公平合理利用水资源的原则，统筹流域自然条件、社会经济发展、生态环境保护以及人文背景，探究国际河流水资源分配模式和协商机制，按照"一河一策"的原则提出三江平原国际河流水资源开发利用与保护策略和合作模式，为国际河流水资源开发外交谈判提供支撑。同时，积极推进落实"三江连通"工程，提高区域水资源利用效率和综合效益，维持良好、健康的湿地生态水文环境，也是应对未来气候变化旱涝灾害的有效措施。

五、加强地下水灌溉管理，发展高效节水农业，创新水资源管理体制与机制

在水资源适应性管理备受关注的形势下，面对气候变化对灌溉供给的潜在影响，将灌溉管理纳入适应性管理的框架十分重要，尤其是地下水灌溉的管理（Famiglietti，2014）。笔者研究团队已开展三江平原挠力河流域气候变化对地下水补给量的影响，未来 30 年气候变化将导致地下水补给量减少 2.2 亿 m³，将会影响到灌溉供给的可靠性（齐鹏，2018），从而威胁农业生产和粮食安全，在这种情况下，提高灌溉用水效率和减少灌溉用水量是应对气候变化的迫切需求。已有研究认为提高地下水灌溉用水效率的管理措施主要是需求方面的措施，需求管理的核心是运用市场为导向的多种经济和政策手段来调节水资源的利用和优化配置（Famiglietti，2014），建议在设计制定国家和地方层面的地下水灌溉管理政策时，应考虑到气候变化的影响和地下含水层的特征（张丽娟，2016）。

三江平原水稻种植是用水大户，应大力推广新型水稻节水增产的灌溉技术及模式，如水稻节水控制灌溉技术，打造灌区高效用水智能决策系统与平台，全面实行水田灌溉用水自动化、数字化、信息化和智能化管理；积极推进农业水价和水权制度的改革并率先试点，对农业灌溉用水实现严格的定额管理、计量收费，按每立方米水资源收费替代目前按水田面积计算水费的办法；协调区域内河流上下游水资源利用关系，因地制宜科学规划建设生态水利工程，恢复重建河流纵向、横向水文连通性，保障湿地生态用水，建立区域间运转协调的水资源管理机制；充分利用湿地水文调蓄功能，着力创建"湿地生态系统、水资源和粮食安全"协调统筹的水资源管理体制。

六、基于虚拟水战略的水资源和湿地生态效益补偿制度

虚拟水可以通过贸易的方式在国别与区域间相互调剂，区域间可以从富水地区进口虚拟水来平衡区域水资源利用赤字。虚拟水贸易可以作为一种调节手段，间接缓解水资源紧缺地区的水资源供应压力，从而维护区域或国家的水资源安全和粮食安全（鲁仕宝，2010），对缓解区域、全球水资源分配不均和保障水资源安全的政策建议有着积极影响（Allan，2001）。中国广义虚拟水战略的实施是由我国具体国情决定的，其对于保障我国粮食安全、促进经济发展具有重要的理论和现实意义。但这并不意味着广义虚拟水战略的实施就不考虑水资源安全问题，应该在保障国家粮食安全的基础上调整农业产业结构，特别是减少贫水地区高耗水农作物的种植，大力发展节水农业（孙才志 等，2010），同时实行耕地轮作休耕制度。

　　按三江平原水稻年总产量 300 亿斤、商品率 80%、水稻单位虚拟水含量 0.8m^3/kg（李莹 等，2017）进行匡算，则三江平原每年相当于向外输送水 96 亿 m^3，相当于我国南水北调中线一期工程 95 亿 m^3 调水量，可见三江平原以牺牲水资源和湿地生态为代价为我国粮食安全做出了突出贡献。因此，从国家层面上尽快建立三江平原水资源和湿地生态效益补偿制度，把湿地生态服务功能价值纳入绿色 GDP 核算并付诸实施。

七、"水资源–粮食–湿地"协同安全保障关键技术与配置战略

　　如何以水资源可持续利用协调三江平原农业开发与湿地保护之间的关系，为粮食安全和湿地生态安全提供水资源保障，是当前三江平原现代农业发展和生态文明建设的重大战略需求。因此，以水为纽带，开展三江平原"水资源-粮食-湿地"协同安全保障关键技术与配置战略研究已成当务之急。

　　重点研究过去 60 年变化环境下三江平原水资源演变及其与农业开发、湿地退化相互作用关系及互馈机制；预估未来气候变化情景下水资源供给量、农业需水量与灌溉用水量、湿地生态需水量以及社会经济用水量的变化趋势，尤其极端水文年份（干旱/洪水）；研发湿地水文-水动力-水质-生态耦合响应综合模型，提出多水源（常规水资源、洪水资源和农田退水等）综合利用的湿地生态补水技术与模式；制定地下水可开采量、农业供水以及国际河流水资源的限采线和湿地生态需水量的保障线，以地下水水量与水位为控制条件，从多水源综合利用，多工程联合调度等全要素、全方面考虑构建水资源优化配置模型，提出多情景多目标水资源-粮食-湿地协同安全配置战略与综合调控方案，以期应对未来变化环境下水资源利用过程中面临的诸多挑战。

参考文献

ALLAN J A. Virtual water-economically invisible and politically silent-a way to solve strategic water problems [J]. International Water and Irrigation，2001，21（4）: 39-41.

FAMIGLIETTI，J.S. The global groundwater crisis. Nature climate change [J]，2014，4: 945-948.

GELDOF G D. Adaptive water management: Integrated water management on the edge of chaos [J].Water Science and Technology，1995，32(1): 7-13.

HOLLING C S. Adaptive environmental management and assessment [J]. John Wiley and Sons，Chichester，1978，72: 187-230.

Liu Y Y, Jiang X, Zhang G X, Xu Y. J, et al. Assessment of Shallow Groundwater Recharge from Extreme Rainfalls in the Sanjiang Plain, Northeast China[J]. Water,2016, 8, 440; doi:10.3390/w8100440.

PAHL-WOSTL C，DOWNING T，KABAT P，et al. Transition to adaptive water management: The new water project [R]. Osabrück: Institute of Environmental Systems Research，University of Osnabrück，2005.

曹建廷. 水资源适应性管理及其应用[J]. 中国水利，2015(17): 28-31.

李峰平，章光新，董李勤. 气候变化对水循环与水资源的影响研究综述[J]. 地理科学，2013，33(4): 457-464.

李莹，李铁男. 黑龙江省商品粮的虚拟水输出研究[J]. 中国农村水利水电，2017(3): 61-64.

刘昌明. 黄河流域水循环演变若干问题的研究[J]. 水科学进展，2004，15(5): 608-614.

刘红玉，李兆富. 三江平原典型湿地流域水文情势变化过程及其影响因素分析[J]. 自然资源学报，2005，
　　　20(4)：493-501.

刘尚，仇蕾，王慧敏. 气候变化下淮河流域水资源适应性管理初探[J]. 江西水利科技，2013，39(2): 100-104.

刘兴土. 三江平原沼泽湿地的蓄水与调洪功能[J]. 湿地科学，2007，5(1): 64-68.

鲁仕宝，黄强，马凯，等. 虚拟水理论及其在粮食安全中的应用[J]. 农业工程学报，2010，26(5): 59-64.

齐鹏. 基于地下水-地表水联合调控的挠力河流域水资源优化配置[D]. 中国科学院东北地理与农业生态研
　　　究所，2018.

曲炜. 节水型社会建设要推进地下水双控管理[J]. 中国水利，2018，(6): 27-29.

孙才志，陈丽新. 我国虚拟水及虚拟水战略研究[J]. 水利经济，2010，28(2): 1-4.

佟金萍，王慧敏. 流域水资源适应性管理研究[J]. 软科学，2006，20(2) : 59-61.

王慧敏，佟金萍. 水资源适应性配置理论、方法及应用[M]. 北京: 科学出版社，2011.

王慧敏. 落实最严格水资源管理的适应性政策选择研究[J]. 河海大学学报(哲学社会科学版)，2016，18(3):
　　　39-43.

王韶华，苏轶醒，刘昆鹏. 三江平原水资源的合理开发利用[J]. 中国农村水利水电，2005，7: 26-28.

夏军，石卫，雒新萍，等.气候变化下水资源脆弱性的适应性管理新认识[J]. 水科学进展，2015，26(2):
　　　279-286.

张丽娟. 气候变化对地下水灌溉供给的影响及灌溉管理的适应性反应:基于华北平原的实证研究[D]. 沈阳:
　　　沈阳农业大学，2016.

张秀琴，王亚华. 中国水资源管理适应气候变化的研究综述[J]. 长江流域资源与环境. 2015，24(19):
　　　2061-2068.

章光新，张蕾，冯夏清，等. 湿地生态水文与水资源管理[M]. 北京: 科学出版社，2014.

赵伟东，尚哲民，崔峰. 三江平原农业开发利用地下水中存在的问题与水资源保护对策[J]. 黑龙江水利科
　　　技，2010，38(2): 145-146.

左其亭. 水资源适应性利用理论及其在治水实践中的应用前景[J]. 南水北调与水利科技，2017，15(1):
　　　18-24.